畜禽产品安全生产综合配套技术丛书

肉羊标准化安全生产 关键技术

权　凯　聂芙蓉　主编

中原农民出版社

·郑州·

图书在版编目(CIP)数据

肉羊标准化安全生产关键技术/权凯,聂芙蓉主编.—郑州:
中原农民出版社,2016.8
(畜禽产品安全生产综合配套技术丛书)
ISBN 978－7－5542－1480－0

Ⅰ.①肉… Ⅱ.①权… ②聂… Ⅲ.①肉用羊－饲养－管
理－标准化 Ⅳ.①S826.9－65

中国版本图书馆 CIP 数据核字(2016)第 197572 号

肉羊标准化安全生产关键技术

权 凯 聂芙蓉 主编

出版社:中原农民出版社

地址:河南省郑州市经五路 66 号 　　　　邮编:450002

网址:http://www.zynm.com 　　　　电话:0371－65788655

发行单位:全国新华书店 　　　　传真:0371－65751257

承印单位:新乡市豫北印务有限公司

投稿邮箱:1093999369@qq.com

交流 QQ:1093999369

邮购热线:0371－65788040

开本:710mm×1010mm　　1/16

印张:10.75

字数:196 千字

版次:2016 年 9 月第 1 版 　　　　印次:2016 年 9 月第 1 次印刷

书号:ISBN 978－7－5542－1480－0 　　　　定价:25.00 元

　　本书如有印装质量问题,由承印厂负责调换

畜禽产品安全生产综合配套技术丛书
编 委 会

本 书 作 者

主　编　权　凯　聂芙蓉

序

近年来,我国采取有力措施加快转变畜牧业发展方式,提高质量效益和竞争力,现代畜牧业建设取得明显进展。第一,转方式,调结构,畜牧业发展水平快速提升。持续推进畜禽标准化规模养殖,加快生产方式转变,深入开展畜禽养殖标准化示范创建,国家级畜禽标准化示范场累计超过4 000家。规模养殖水平保持快速增长。制定发布《关于促进草食畜牧业发展的意见》,加快草食畜牧业转型升级,进一步优化畜禽生产结构。第二,强质量,抓安全,努力增强市场消费信心。坚持产管结合、源头治理,严格实施饲料和生鲜乳质量安全监测计划,严厉打击饲料和生鲜乳违禁添加等违法犯罪行为。切实抓好饲料和生鲜乳质量安全监管,保障了人民群众"舌尖上的安全"。畜牧业发展坚持"创新、协调、绿色、开放、共享"发展理念,坚持保供给、保安全、保生态目标不动摇,加快转变生产方式,强化政策支持和法制保障,努力实现畜牧业在农业现代化进程中率先突破的目标任务。

随着互联网、云计算、物联网等信息技术渗透到畜牧业各个领域,越来越多的畜牧从业者开始体会到科技应用带来的巨变,并在实践中将这些先进技术运用到整条产业链中,利用传感器和软件通过移动平台或电脑平台对各环节进行控制,使传统畜牧业更具"智慧"。智慧畜牧业以互联网、云计算、物联网等技术为依托,以信息资源共享运用、信息技术高度集成为主要特征,全力发挥实时监控、视频会议、远程培训、远程诊疗、数字化生产和畜牧网上服务超市等功能,达到提升现代畜牧业智能化、装备化水平,以及提高行业产能和效率的目的。最终打造出集健康养殖、安全屠宰、无害处理、放心流通、绿色消费、追溯有源为一体的现代畜牧业发展模式。

同时,"十三五"进入全面建成小康社会的决胜阶段,保障肉蛋奶有效供给和质量安全、推动种养结合循环发展、促进养殖增收和草原增绿,任务繁重而艰巨。实现畜牧业持续稳定发展,面临着一系列亟待解决的问题:畜产品消费增速放缓使增产和增收之间矛盾突出,资源环境约束趋紧对传统养殖方式形成了巨大挑战,廉价畜产品进口冲击对提升国内畜产品竞争力提出了迫切要求,食品安全关注度提高使饲料和生鲜乳质量安全监管面临着更大的压力。

"十三五"畜牧业发展,要更加注重产业结构和组织模式优化调整,引导产业专业化分工生产,提高生产效率;要加快现代畜禽牧草种业创新,强化政策支持和科技支撑,调动育种企业积极性,形成富有活力的自主育种机制,提升产业核心竞争力;要进一步推进标准化规模养殖,促进国内养殖水平上新台阶;要积极适应经济"新常态"变化,主动做好畜产品生产消费信息监测分析,加强畜产品质量安全宣传,引导生产者立足消费需求开展生产;要按照"提质增效转方式,稳粮增收可持续"工作主线,推进供给侧结构性改革,加快转型升级,推行种养结合、绿色环保的高效生态养殖,进一步优化产业结构,完善组织模式,强化政策支持和法制保障,依靠创新驱动,不断提升综合生产能力、市场竞争能力和可持续发展能力,加快推进现代畜牧业建设;要充分发挥畜牧业带动能力强、增收见效快的优势,加快贫困地区特色畜牧业发展,促进精准扶贫、精准脱贫。

由张晓根教授组织编写的《畜禽产品安全生产综合配套技术丛书》涵盖了畜禽产品质量、生产、安全评价与检测技术,畜禽生产环境控制,畜禽场废弃物有效控制与综合利用,兽药规范化生产与合理使用,安全环保型饲料生产,饲料添加剂与高效利用技术,畜禽标准化健康养殖,畜禽疫病预警、诊断与综合防控等方面的内容。

丛书适应新阶段新形势的要求,总结经验,勇于创新。除了进一步激发养殖业科技人员总结在实践中的创新经验外,无疑将对畜牧业从业者培训,促进产业转型发展,促进畜牧业在农业现代化进程中率先取得突破,起到强有力的推动作用。

中国工程院院士

2016 年 6 月

前　言

羊是以食草为主的复胃动物,胃肠发达,采食植物的种类较多,具有适应性强、耐粗饲、耐渴、耐寒、抗病性较强等特点。中国养羊历史悠久,原始社会人类从渔猎生产方式逐渐过渡到畜牧生产方式首先是从养羊开始的,早在5 000 年以前,野生绵羊和山羊已被驯化为家畜,为人们提供肉、奶、毛、皮等生活资料,后魏时期已有羊的繁殖、疾病治疗等方面的记载。由于中国近代的历史原因,养羊业迅速落后于世界,限制了中国养羊业产业化发展。目前,由于相对规模小,经营管理模式和养殖模式落后,中国羊业不仅滞后于其他行业,还远滞后于养猪、养鸡等畜牧养殖行业。

近年来,国内外羊肉市场发生了一些变化,为肉羊产业的发展提供了巨大空间,由于市场对羊毛和羊肉的需求关系发生了变化,养羊业由毛用为主转向肉毛兼用,进而发展到肉羊为主,肉羊生产发展迅速。尤其随着国家西部大开发战略的实施、退耕还林还草工程的整体推进、畜牧业结构的不断调整优化以及人们膳食结构的改变,肉羊养殖将迎来良好的发展机遇。目前肉羊在养殖业中经济效益突出,增长势头迅猛,将有新一轮的发展空间。然而今天的肉羊养殖,并不是简单地扮演一个羊倌角色,去放牧或圈养。在现代化知识经济的推动和激烈的市场竞争下,要成功地进行肉羊养殖,一个羊倌必须改变传统的经营、养殖模式,要有现代企业的经营理念,结合现代化、标准化的养殖技术体系,才能保证肉羊养殖的成功经营和长远发展。因此,标准化肉羊生产也必将取代传统养殖模式,逐渐成为小康建设的重点产业和农村经济新的增长点。

针对目前肉羊养殖经营管理模式落后,对相关知识技术了解掌握不足,养殖技术人员缺乏,基础环节薄弱等问题,作者根据肉羊生产实际和对现代肉羊产业发展及相关政策、法规的理解,编写了《肉羊标准化安全生产关键技术》一书,主要从标准化肉羊生产的经营管理、标准化肉羊场的规划设计、品种、选育选配、人工授精技术、饲养管理以及疫病防治等方面进行了详细的介绍,供肉羊养殖企业、养殖户及相关技术人员参考。

由于编者的水平和对标准化肉羊养殖的理解深度有限,不当和错漏之处在所难免,诚望批评指正。

编 者

2016 年 2 月

目 录

肉羊标准化安全生产关键技术

第一章　肉羊安全生产技术概述

20世纪90年代以来,肉羊业已成为国内畜牧业发展的重要组成部分。随着国民消费理念的变化和对羊肉营养价值的认识,羊肉的市场需求量日益增加。羊以草食为主,很少用饲料添加剂和生物激素,兽药残留和激素残留的风险极低,是理想的绿色动物蛋白来源,是符合现代消费观念的安全食品。随着国内外羊肉市场供求发生的变化,以及国内居民对羊肉消费的持续增长,为中国肉羊产业的发展提供了发展机遇,肉羊业正成为一个黄金产业。肉羊标准化安全生产就是绿色、无公害肉羊生产。它的生产过程通常要遵循可持续发展的原则,按照特定的肉羊生产方式生产,是经专门机构认定、许可使用绿色食品标志或无公害食品标志商标的无污染肉羊产品的生产过程。安全、优质、无污染、无公害的肉羊生产为人们所需,也是可持续肉羊产业发展的必然要求。

第一节 肉羊产业发展概况

一、肉羊生产发展现状

我国肉羊产业的大发展始于20世纪90年代,羊肉需求量的增加,尤其是优质羔羊肉的需求量的迅猛增加,促进了羊肉生产的快速发展。我国羊肉产量由1980年的45.1万吨迅速增加到2008年的380.3万吨,增加了335.2万吨。羊肉在我国肉类产量中的比重不断提高,由1980年的3.7%提高到2008年的5.22%,占畜牧业总产值的比重也已经提高到6.13%。我国肉羊养殖主要是以散户为主,小规模养殖(30~99只)占主体。2010年我国羊肉产量最高的是内蒙古、新疆、山东、河北、河南5省,2010年末羊存栏率最高的是内蒙古、新疆、山东、河南、甘肃5个省。羊肉产量高的省份多为育肥基地、加工基地和出口基地。在饲养方式上,我国农牧户小规模养殖仍占主体,养殖方式也逐步由放牧转变为舍饲和半舍饲。在广大农区,养殖小区大批出现,养羊规模化程度不断提高。

我国虽然是羊肉生产大国,但并不是加工强国,产品种类少,质量参差不齐,普遍存在肉质较差的问题。随着经济的发展、人们生活水平的提高,低品质的鲜肉制品将无法满足人们的要求,各种鲜、嫩羔羊肉越来越受到广大消费者的青睐,而目前这些优质、高档羊肉90%都依靠进口。随着我国羊肉消费的快速发展,肉羊在畜牧业中的重要性逐步提升,羊肉生产得到各级主管部门的重视,科研、生产投入增加。

二、肉羊生产存在的主要问题

(一)肉羊业总体生产水平低,优质羊肉产量不高

肉羊饲养管理方式落后,生产水平低。在牧区,肉羊生产主要以天然草场放牧为主,农区主要以分散饲养为主,饲养管理粗放,饲料配合简单,繁殖率与成活率低,主要是在个体生产性能方面特别是在产肉量方面与养羊发达国家相比差距很大。

(二)营养平衡与调控和饲粮配合技术的应用不普及

营养调控、草料供给与饲养管理技术,多数只在局部范围内应用,尚未形成区域性乃至全国性的应用,忽视营养平衡对种羊繁殖性能的影响,没有充分考虑营养供给与后备羊种用价值、繁殖母羊和种公羊繁殖性能的关系,饲料配方的针对性差。在不断提高生长速度的同时忽视了羊肉品质与风味的改善。

(三)肉羊繁育体系落后,种羊市场不健全

近年来,虽然从国外引进了20余个优良肉羊品种,对我国的肉羊发展起到了积极的作用,但仅是小范围的杂交改良,未形成规模化的杂交肉羊生产体系。虽然我国已经意识到发展肉羊有利可图,但向专用肉羊品种方向发展的步伐仍很慢。乌珠穆沁羊、苏尼特羊、呼伦贝尔羊、阿尔泰羊、小尾寒羊等地方良种虽然具有适应性强、繁殖率高、抗逆性强、羊肉品质好等遗传性状,但与肉羊专用品种相比,在增重、早熟、饲料报酬等方面仍有较大差距。认识到发展肉羊生产必须从种羊做起,而我国又存在着种源严重不足的问题,所以种羊一路走俏,产生了炒种现象。

(四)肉羊良种化程度低

我国肉羊生产的良种化程度普遍较低,未形成稳定的最佳杂交组合,多元杂交比例少。我国虽然从20世纪90年代开始大量引进国外肉羊专用品种进行快速繁殖,试图扭转肉羊产业缺乏良种种羊的局面,但由于政府扶持力度小,行业管理的缺失和养殖者利益驱使等原因,出现了无计划引进、种羊生产混乱、无序炒种等情况,使肉羊生产者买不起种羊,导致目前肉羊商品生产中未能形成稳定的、最佳的杂交组合,这是肉羊育肥效果不佳、产品档次上不去的重要原因。杂种细毛羊和本地品种的杂交后代羔羊胴体重只有13.94千克,比世界平均水平14.29千克低0.35千克,比发达国家的16.5千克低2.56千克。

(五)羊肉生产加工尚未形成专业化和规模化生产体系

目前我国肉羊饲养方式主要为农户小规模散养,羊肉生产加工尚未形成专业化和规模化生产体系,影响了先进技术的应用,制约了优质肉羊生产及其产业的发展。而澳大利亚、美国及欧洲一些发达国家肉羊产业从品种培育到优质羊肉生产、加工均已形成产业链,自成体系且有专门的肉羊品种,并形成核心场、繁育场和生产场组成的3级育种体系。

(六)基础设施薄弱,经验管理粗放

我国绝大多数农牧民养羊基础设施落后,棚舍简陋,缺少饲料机械,饲喂设施也不配套,多数地区的养羊业仍处于营养不平衡、饲料转化率低、出栏周期长的粗放经营状态。这种状况与肉羊产业的品种良种化、经营工厂化、饲料配合化、生产技术标准化、管理手段科学化的要求相差甚远。

三、发展对策

生产实践证明,要加快我国肉羊产业发展,需要在基础设施建设、良种改良、畜群结构、饲草饲料、疾病综合防治和规模经济效益等方面下功夫。因此,抓住机遇,因地制宜,科学规划,依靠科技创新和龙头带动,加快肉羊产业化进程,势在必行。

(一)加强肉羊良种繁育体系建设,提高肉羊良种化水平

肉羊优良品种从引进为主转向引进和培育并重,逐步形成以自我开发为主的育种体系。积极探索企事业单位和科研院所相结合的育种新机制,扶持肉羊良种企业集团的发展,加快新品种培育。同时,重视国内地方肉羊品种资源的保护与利用,通过引进国外优良品种,改进本地品种,培育适合我国的肉羊新品种、新品系。加快引进种养扩繁速度,降低种养成本,提高供种能力,利用杂交优势,运用同期发情和人工授精技术,提高肉羊良种化水平,实现批量繁育与规模化养殖,利用营养调控技术,发展肥羔生产。

(二)加强基础设施建设,提高肉羊生产水平

设施养殖的一个重要理念就是进行标准化生产,即在标准化的设施条件下,通过标准化饲养管理技术的应用,生产符合质量和安全标准的产品。要发展肉羊设施养殖,很重要的一项工作就是建立能与市场接轨的产品质量安全标准体系和与之相适应的生产操作技术标准体系,并以此规范肉羊产业,加快提升农业科技创新支撑产业发展的能力,加快标准化养殖场基础设施建设改造。根据农区、牧区等不同地区的特点,研究养殖技术模式,总结形成一批适应性更强、更切合实际的肉羊规模养殖技术标准和规范,鼓励加大对现有羊场的技术投入,继续发展农户舍饲规模养殖,提高养殖户的规模标准和技术水平,使之上规模、上档次。

(三)加强优质安全饲草料供应体系建设,提高饲草的利用率

随着国家草原生态保护补助奖励机制政策的落实,草原承包、禁牧及草畜平衡的实施,推广天然草地改良、人工种植牧草、饲草高产栽培和加工、秸秆青贮和微贮技术,从而保证羊群饲草、饲料的全年均衡供应,提高饲草的利用率。

(四)加强羊病综合防治技术,提高疾病防控能力

随着种羊的引进,各地也引进了羊痘和羊布氏杆菌病等多种病原,因此要加强和普及综合防治技术,确保产品质量、生态环境、人类健康。探索积极有效的预防和治疗措施,从源头对羊肉及其产品质量安全进行控制,提升其质量安全水平,是保证肉羊业健康发展的关键。

(五)加强羊肉产品质量监控,提高安全水平

随着肉羊产业化发展的不断深入,对羊肉产品加工的兽医卫生和食品安全控制与监测也提出了新的要求,完善相关的标准体系,大力扶持肉羊业加工龙头企业,重视对产品加工关键技术的研发,支持加工企业进行技术改造,发展肉羊产品的精深加工。肉羊产业标准生产要达到"六化",即肉羊良种化、养殖设施化、生产规范化、防疫制度化、粪便处理无害化和监管常态化。

第二节　肉羊标准化安全生产的概念与意义

一、肉羊标准化安全生产的概念

畜禽的标准化安全生产是一个动态的概念,其内涵与外延随社会的发展、科技的进步、人类对健康的需求的不断变化而变化,包括生态平衡、资源优化、动物健康、产品绿色4个层面。肉羊标准化安全生产是按照《中华人民共和国畜牧法》和《种畜禽管理条例》,结合 NY/T 5151—2002《无公害食品　肉羊饲养管理准则》、NY 5150—2002《无公害食品　肉羊饲养饲料使用准则》、NY 5149—2002《无公害食品　肉羊饲养兽医防疫准则》、NY/T 816—2004《肉羊饲养标准》、NY 5027—2001《无公害食品　畜禽饮用水水质》、NY 809—2004《南江黄羊》、GB 7959—1987《粪便无害化卫生标准》、GB/T 9961—2008《鲜、冻胴体羊肉》、GB 16567—1996《种畜禽调运检疫技术规范》、GB/T 16569—1996《畜禽产品消毒规范》、GB/T 18407.3—2001《农产品安全质量无公害畜禽肉产地环境要求》和 GB 19376—2003《波尔山羊种羊》等法律、法规,从标准化的肉羊品种、现代化的繁殖技术、合理的营养和饲料搭配、规范化的饲养流程和管理体系、疫病防治策略、产品加工体系及现代化、信息化的肉羊经营理念等方面着手,实现优质、高效、安全的肉羊养殖,是在以主要追求数量增长为主的传统养殖业的基础上实现数量和质量并重可持续发展的现代标准化肉羊养殖。

二、肉羊标准化安全生产的意义

畜禽健康养殖是以保护动物健康、保护人类健康、生产安全营养的畜产品为目的,最终以无公害畜牧业的生产为结果。畜禽健康养殖的特点:第一,健康养殖生产的产品必须被社会接受,是质量安全可靠、无公害的畜产品;第二,健康养殖是具有较高经济效益的生产模式;第三,健康养殖对于资源的开发利用是良性的,其生产模式是可持续的,其对环境的影响是有限的,体现了现代畜牧业的经济、生态和社会效益高度统一,即三大效益并重。

　　农村地区畜牧产业的健康持续发展问题,已成为"三农"问题解决和新农村建设的一个关键难题。《国务院关于促进畜牧业持续健康发展的意见》(国发〔2007〕4号)提出,要加快畜牧业增长方式转变,大力发展健康养殖,构建现代畜牧业产业体系,提高畜牧业综合生产能力,保障畜产品供给和质量安全,促进农民持续增收,推进社会主义新农村建设。

　　因此,加快推进健康养殖是构建资源节约、环境友好的新型畜牧业,转变畜牧业增长方式,促进畜牧业向安全、优质、高效、节耗、环境友好型方向发展的必需途径,也是现代畜牧业发展的模式和经营组织方式,发展现代畜牧业的突破口和关键环节,了解畜产品价格波动规律、建立市场预警机制、控制和提高畜产品质量安全的主要措施和途径。

肉羊标准化安全生产关键技术

第二章　肉羊场安全生产的标准化建设及环境控制

标准化肉羊场的建设包括肉羊场场址选择、肉羊场工艺设计、肉羊场总平面布置、肉羊场基础设施工程规划4个方面。肉羊场的规划要有利于肉羊的生产,有安全的防疫卫生条件和防止对外部环境的污染。

第一节　肉羊场标准化建设

一、肉羊场标准化建设要求

肉羊场的建设要本着科学合理、经济适用的原则,根据羊的数量、种类、发展规划、资金、机械化程度等条件而定,并要符合卫生防疫要求,经济适用,做到统筹安排、合理规划。

二、肉羊场场址的选择

肉羊场场址的选择是肉羊养殖的重要环节,也是肉羊养殖成败的关键,无论是新建肉羊场,还是在现有设施的基础上进行改建或扩建,选址时必须综合考虑自然环境、社会经济状况、畜群的生理和行为需求、卫生防疫条件、生产流通及组织管理等各种因素,科学和因地制宜地处理好相互之间的关系。

因此,肉羊场场址的选择要从肉羊的生理特点着手,结合当地环境、资源等基础条件,为肉羊创造一个最佳的生活环境。在 GB/T 18407.3—2001《农产品安全质量　无公害畜禽肉产地环境要求》和 NY/T 5151—2002《无公害食品　肉羊饲养管理准则》所要求的基础上进行合理的选择。

(一)肉羊场场址的选择原则

总体来讲,肉羊场场址的选择要有利于肉羊的生产、管理和防疫,同时保证当地的生态环境不受影响。

一是周围及附近饲草,特别是像花生秧、甘薯秧、大蒜秆、大豆秆等优质农副秸秆资源必须丰富;二是交通方便而又不紧邻交通要道;三是地势高燥,既有利于防洪排涝而又不致发生断层、陷落、滑坡或塌方;四是地形比较平坦,土层透水性好;五是有水、有电或水电问题较易解决;六是不至造成社会公用水源的污染;七是要与村落保持 150 米以上的距离,并尽量处在村落下风和低于农舍、水井的地方;八是土地开发利用价值低。

(二)NY/T 5151—2002《无公害食品　肉羊饲养管理准则》肉羊场场址选择

羊场环境应符合 GB/T 18407.3—2001 的规定;场址用地应符合当地土地利用规划的要求,充分考虑羊场的放牧和饲草、饲料条件,羊场应建在地势高燥、排水良好、通风、易于组织防疫的地方;羊场周围 3 千米以内无大型化工厂、采矿场、皮革厂、肉品加工厂、屠宰场或畜牧场等污染源。羊场距离干线公路、铁路、城镇居民区和公共场所 1 千米以上,远离高压电线。羊场周围有围墙或防疫沟,并建立绿化隔离带。

(三)肉羊场场址的具体要求

1. 地形地势

地形是指场地的形状、范围以及地物,包括山岭、河流、道路、草地、树林、居民点等的相对平面位置状况;地势是指场地的高低起伏状况。肉羊场的场地应选在地势较高、干燥平坦、排水良好和向阳背风的地方。

平原地区一般场地比较平坦、开阔,场址应注意选择在较周围地段稍高的地方,以利排水。地下水位要低,以低于建筑物地基深度 0.5 米以下为宜。

靠近河流、湖泊的地区,场地要选择在较高的地方,应比当地水文资料中最高水位高 1~2 米,以防涨水时受水淹没。

山区建场应尽量选择在背风向阳、面积较大的缓坡地带。应选在稍平缓坡上,坡面向阳,总相对坡度不超过 25%,建筑区相对坡度应在 2.5% 以内。坡度过大,不但在施工中需要大量填挖土方,增加工程投资,而且在建成投产后也会给场内运输和管理工作造成不便。山区建场还要注意地质构造情况,避开断层、滑坡、塌方的地段,也要避开坡底和谷地以及风口,以免受山洪和暴风雪的袭击。

肉羊有喜干燥厌潮湿的生活习性,如长期生活在低洼潮湿环境中,不仅影响生产性能的发挥,而且容易引发寄生虫病等一些疾病。因而,切忌将肉羊场建在低洼地、山谷、朝阴、冬季风口等处。土质黏性过重,透气透水性差,不易排水的地方,也不适宜建场。地下水位应在 2 米以下,土质以沙壤土为好,且舍外运动场具有 5°~10° 的小坡度。这样,既有利于防洪排涝而又不致发生断层、陷落、滑坡或塌方,地形比较平坦,土层透水性好。

2. 饲草料来源

饲草料是肉羊赖以生存的最基本条件,在以放牧为主的牧场,必须有足够的牧地和草场。以舍饲为主的农区、垦区和较集中的肉羊育肥产区,必须要有足够的饲草、饲料基地或便利的饲料原料来源。羊场周围及附近饲草,特别是像花生秧、甘薯秧、大蒜秆、大豆秆等优质农副秸秆资源必须丰富。建羊场要考虑有稳定的饲料供给,如放牧地、饲料生产基地、打草场等。

因此,对以舍饲为主的羊场,必须有足够的饲草饲料基地和便利的饲料原料来源;对以放牧为主的羊场,必须有足够的牧地和草场。切忌在草料缺乏或附近无牧地的地方建立肉羊场。

3. 水、电资源

水资源应符合 NY 5027—2001《无公害食品 畜禽饮用水水质》标准。具有清洁而充足的水源,是建羊场必须考虑的基本条件。羊场要求四季供水充足,取用方便,最好使用自来水、泉水、井水和流动的河水;并且水质良好,水中大肠杆菌数、固形物总量、硝酸盐和亚硝酸盐的总含量应低于规定指标。

水源水质关系着生产和生活用水与建筑施工用水,要给以足够的重视。首先要了解水源的情况,如地面水(河流、湖泊)的流量,汛期水位;地下水的初见水位和最高水位,含水层的层次、厚度和流向。对水质情况需了解酸碱度、硬度、透明度,有无污染源和有害化学物质等。并应提取水样做水质的物理、化学和生物污染等方面的化验分析。了解水源水质状况是为了便于计算拟建场地地段范围内的水的资源,供水能力,能否满足肉羊场生产、生活、消防用水要求。

在仅有地下水源的地区建场,第一步应先打一眼井。如果打井时出现任何意外,如流速慢、泥沙或水质问题,最好是另选场址,这样可减少损失。对肉羊场而言,建立自己的水源,确保供水是十分必要的。此外,水源和水质与建筑工程施工用水也有关系,主要与砂浆和钢筋混凝土搅拌用水的质量要求有关。水中的有机质在混凝土凝固过程中发生化学反应,会降低混凝土的强度,锈蚀钢筋,形成对钢混结构的破坏。

如羊场附近有排污水的工厂,应将羊场建于其上游。切忌在严重缺水或水源严重污染的地方建立羊场。

肉羊场内生产和生活用电都要求有可靠的供电条件。因此,需了解供电源的位置,与肉羊场的距离,最大供电允许量,是否经常停电,有无可能双路供电等。通常,建设肉羊场要求有Ⅱ级供电电源。在Ⅲ级以下供电电源时,则需自备发电机,以保证场内供电的稳定可靠。为减少供电投资,应尽可能靠近输电线路,以缩短新线路敷设距离。

4. 交通

肉羊场要求建在交通便利的地方,便于饲草和羊的运输。羊场的交通方便而又不紧邻交通要道。距离公路、铁路交通要道远近适宜,同时考虑交通运输的便利和防疫两个方面的因素。要与村落保持 150 米以上的距离,并尽量处在村落下风向和低于农舍、水井的地方。但为了防疫的需要,羊场应距离村镇不少于 500 米,离交通干线 1 000 米、一般路道 500 米以上。同时应考虑能提供充足的能源和方便的电信条件,特别是电力供应要正常。充足的能源和方便的电信条件,这是现代养羊生产对外交流、合作的必备条件,也便于商品流通。应根据国家畜牧业发展规划和各地畜禽品种发展区划,将羊场选在适合当地主要发展品种的中心。

5. 防疫

羊场场地及周围地区必须为无疫病区,放牧地和打草场均未被污染。羊场周围的畜群和居民宜少,应尽量避开附近单位的羊群转场通道,以便在发生疫病时容易隔离、封锁。选址时要充分了解当地和周围的疫情状况,切忌将养羊场建在羊传染病和寄生虫病流行的疫区,也不能将羊场建于化工厂、屠宰场、制革厂等易造成环境污染的企业的下风向。同时,羊场也不能污染周围环境,而应处于居民点的下风向。

6. 环境生态

遵循国家 GB 14554—1993《恶臭污染物排放标准》和 NY/T 388—1999《畜禽场环境质量标准》,了解国家肉羊生产相关政策、地方生产发展方向和资源利用等。在开始建设以前,应获得市政、建设、环保等有关部门的批准,此外,还必须取得实用法规的施工许可证。

选择场址必须符合本地区农牧业生产发展总体规划、土地利用发展规划和城乡建设发展规划的用地要求。必须遵守"十分珍惜和合理利用土地"的原则,不得占用基本农田,尽量利用荒地和劣地建场。大型肉羊企业分期建设时,场址选择应一次完成,分期征地。近期工程应集中布置,征用土地满足本期工程所需面积。远期工程可预留用地,随建随征。以下地区或地段的土地不宜征用:①规定的自然保护区、生活饮用水水源保护区、风景旅游区。②受洪水或山洪威胁及有泥石流、滑坡等自然灾害多发地带。③自然环境污染严重的地区。

三、肉羊场的布局要求

肉羊场的规划和布局应本着因地制宜、科学管理的原则,以整齐紧凑、提高土地利用率和节约基建投资、经济耐用、有利于生产管理和防疫安全为目标。

肉羊场通常分为生活管理区、辅助生产区、生产区和隔离区。生活管理区和辅助生产区应位于场区常年主导风向的上风处和地势较高处,隔离区位于场区常年主导风向的下风处和地势较低处(图 2-1)。

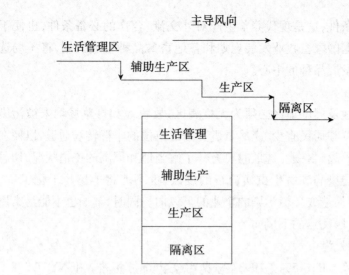

图 2 - 1　按地势、风向的分区规划图

（一）生活管理区

主要包括管理人员办公室、技术人员业务用房、接待室、会议室、技术资料室、化验室、食堂、职工值班宿舍、厕所、传达室、警卫值班室以及围墙和大门，外来人员第一次更衣消毒室和车辆消毒设施等。

对生活管理区的具体规划因肉羊场规模而定。生活管理区一般应位于场区全年主导风向的上风处或侧风处，并且应在紧邻场区大门内侧集中布置。肉羊场大门应位于场区主干道与场外道路连接处，设施布置应使外来人员或车辆经过强制性消毒，并经门卫放行才能进场。

生活管理区应和生产区严格分开，与生产区之间有一定缓冲地带，生产区入口处设置第二次人员更衣消毒室和车辆消毒设施。

（二）辅助生产区

主要是供水、供电、供热、设备维修、物资仓库、饲料储存等设施，这些设施应靠近生产区的负荷中心布置，与生活管理区没有严格的界限要求。对于饲料仓库，则要求仓库的卸料口开在辅助生产区内，仓库的取料口开在生产区内，杜绝外来车辆进入生产区，保证生产区内外运料车互不交叉使用。

（三）生产区

主要布置不同类型的羊舍、剪毛间、采精室、人工授精室、肉羊装车台、选种展示厅等建筑。这些设施都应设置两个出入口，分别与生活管理区和生产区相通。

（四）隔离区

隔离区内主要是兽医室、隔离肉羊舍、尸体解剖室、病尸高压灭菌或焚烧处理设备及粪便和污水储存与处理设施。隔离区应位于全场常年主导风向的下风处和全场场区最低处，与生产区的间距应满足兽医卫生防疫要求。绿化隔离带、隔离区内部的粪便污水处理设施和其他设施也需有适当的卫生防疫间距。隔离区内的粪便污水处理设施与生产区有专用道路相连，与场区外有专用大门和道路相通。

四、肉羊场羊舍建筑

肉羊舍是羊生活的主要环境之一，羊舍的建设是否利于肉羊生产的需要，在一定程度上成为养羊成败的关键。肉羊舍的规划建设必须结合不同地域和气候环境进行。

（一）肉羊舍建设的基本要求

首先要结合当地气候环境，南方地区由于天气较热，肉羊舍建设主要以防暑降温为主，而北方地区则以保温防寒为主；第二，尽量使建设成本降低，经济实用；第三，创造有利于肉羊的生产环境；第四，圈舍的结构要有利于防疫；第五，保证人员出入、饲喂羊群、清扫栏圈方便；第六，圈内光线充足、空气流通，羊群居住舒适。同时，主要圈舍应选择南北朝向，后备羊舍、产羔舍、羔羊舍要合理布局，而且要留有一定间距。

1. 地点要求

根据肉羊的生物学特性，应选地势高燥、排水良好、背风向阳、通风干燥、水源充足、环境安静、交通便利、方便防疫的地点建造羊舍。山区或丘陵地区可建在靠山向阳坡，但坡度不宜过大，南面应有广阔的运动场。低洼、潮湿的地方容易发生羊的腐蹄病和滋生各种微生物，诱发各种疾病，不利于羊的健康，不适合羊舍建设。羊舍应接近放牧地及水源，要根据羊群的分布而适当布局。羊舍要充分利用冬季阳光采暖，朝向一般为坐北朝南，位于办公室和住房的下风向，屋角对着冬、春季的主导风向。用于冬季产羔的羊舍，要选择背山、避风、冬春季容易保温的地方。

2. 面积要求

各类羊所需羊舍面积，取决于羊的品种、性别、年龄、生理状态、数量、气候条件和饲养方式。一般以冬季防寒、夏季防暑、防潮、通风和便于管理为原则。

羊舍应有足够的面积，使羊在舍内不感到拥挤，可以自由活动。羊舍面积过大，既浪费土地，又浪费建筑材料；面积过小，舍内拥挤潮湿、空气污染严重有碍于羊体健康,管理不便,生产效率不高。

各类羊羊舍所需面积见表2-1。

表2-1　各类羊羊舍所需面积

羊别	面积(米²/只)	羊别	面积(米²/只)
单饲公羊	4.0~6.0	育成母羊	0.7~0.8
群饲公羊	1.5~2.0	去势羔羊	0.6~0.8
春季产羔母羊	1.2~1.4	3~4月龄羔羊	0.3~0.4
冬季产羔母羊	1.6~2.0	育肥羯羊、淘汰羊	0.7~0.8
育成公羊	0.7~0.9	—	—

产羔室可按基础母羊数的20%~25%计算面积。运动场面积一般为羊舍面积的2~2.5倍。成年羊运动场面积可按4米²/只计算。

在产羔舍内附设产房,产房内有取暖设备,必要时可以加温,使产房保持一定的温度。产房面积根据母羊群的大小决定,在冬季产羔的情况下,一般可占羊舍面积的25%左右。

3. 高度要求

羊舍高度要依据羊群大小、羊舍类型及当地气候特点而定。羊数愈多,羊舍可愈高些,以保证足量的空气,但过高则保温不良,建筑费用亦高,一般高度为2.5米,双坡式羊舍净高(地面至天棚的高度)不低于2米。单坡式羊舍前墙高度不低于2.5米,后墙高度不低于1.8米。南方地区的羊舍防暑防潮重于防寒,羊舍高度应适当增加。

4. 通风采光要求

一般羊舍冬季温度应保持在0℃以上,羔羊舍温度不超过8℃,产羔室温度在8~10℃比较适宜。由于绵羊有厚而密的被毛,抗寒能力较强,所以舍内温度不应过高。山羊舍内温度应高于绵羊舍内温度。为了保持羊舍干燥和空气新鲜,必须有良好的通气设备。羊舍的通气装置,既要保证有足够的新鲜空气,又能避贼风。可以在屋顶上设通气孔,孔上有活门,必要时可以关闭。在安设通气装置时要考虑每只羊每小时需要3~4米³的新鲜空气,对南方羊舍夏季的通风要求要特别注意,以降低舍内的高温。

羊舍内应有足够的光线,以保证舍内卫生。窗户面积一般占地面面积的1/15,冬季阳光可以照射到室内,既能消毒又能增加室内温度;夏季敞开,增大通风面积,降低室温。在农区,绵羊舍主要注重通风,山羊舍要兼顾保温。

5. 造价要求

羊舍的建筑材料以就地取材、经济耐用为原则。土坯、石头、砖瓦、木材、芦苇、树枝等都可以作为建筑材料。在有条件的地区及重点羊场内应利用砖、石、水泥、木材等修建一些坚固的永久性羊舍,这样可以减少维修的劳力和费用。

6. 内外高差

肉羊舍内地面标高应高于舍外地面标高0.2~0.4米,并与场区道路标高相协调。场区道路设计标高应略高于场外路面标高。场区地面标高除应防止场地被淹外,还应与场外标高相协调。场区地形复杂或坡度较大时,应做台阶式布置,每个台阶高度应能满足行车坡度要求。

(二) 羊舍类型

羊舍形式按其封闭程度可分为开放舍、半开放舍和密闭舍。从屋顶结构来分有单坡式、双坡式及圆拱式。从平面结构来分有长方形、正方形及半圆形。从建筑用材来分有砖木结构、土木结构及敞篷围栏结构等。

单坡式羊舍的跨度小,自然采光好,适用于小规模羊群和简易羊舍选用;双坡式羊舍跨度大,保暖能力强,但自然采光、通风差,适合于寒冷地区采用,是最常用的一种类型。在寒冷地区,还可选用拱式、双折式、平屋顶等类型;天气炎热地区可选用钟楼式羊舍。

在选择肉羊舍类型时,应根据不同类型肉羊舍的特点,结合当地的气候特点、经济状况及建筑习惯全面考虑,选择适合本地、本场实际情况的肉羊舍形式。

(三) 羊舍类别

1. 成年基础母羊舍

成年羊舍是饲喂基础母羊的场所,多为对头双列式,中间带有走廊,这是国内外羊舍普遍采用的形式(图2-2)。

2. 成年母羊舍

成年母羊舍可建成双坡、双列式。羊舍内的窗户应大一些,一般窗宽为1.5米、高1.5~2.0米,窗台距地面高1.5米。在南方,一面敞开,一面设大窗户;在北方,南面设大窗户,北面设小窗户,中间或两端可设单独的专用挤奶室。舍内水泥地面,有排水沟,舍外设带有凉棚和饲槽的运动场,舍内设有饲槽和栏杆。温暖地区,羊舍两端开门;较冷的地区,可一端开门。整个羊舍人工通风,羊床厚垫蓐草。

图 2-2　成年基础母羊舍

成年羊舍的长度应根据饲养的山羊只数而定,一般饲养 200 只成年母羊的羊场,多以 100 只成年母羊为一栋,分为 4 组,每组 25 只。

3. 青年羊舍

青年羊舍用于饲养断奶后至分娩前的青年羊。这种羊舍设备简单,没有生产上的特殊要求,舍内只需设置与成年母羊相同的颈枷。

4. 羔羊舍

羔羊舍内可设置活动围栏,根据需要隔成小圈。羔羊舍在北方关键在于保暖,若为平房,其房顶、墙壁应有隔热层。舍内为水泥地面,排水良好,屋顶和正面两侧墙壁下部设通风孔,房的两侧墙壁上部设通风扇。室内设饲槽和喂奶间,运动场以土地面为宜,中部建筑运动场。

(四)肉羊舍的布局

羊舍修建宜坐北朝南,东西走向。羊场布局以产房为中心,周围依次为羔羊舍、青年羊舍、母羊舍与带仔母羊舍。公羊舍建在母羊舍与青年母羊舍之间,羊舍与羊舍间的距离保持 15 米,中间种植树木或草。隔离病房建在远离其他羊舍地势较低的下风向。羊场内清洁通道与排污通道要分设。办公区与生产区隔开,其他设施则以方便防疫、方便操作为宜。

1. 肉羊舍的排列

单列式布置使场区的净污道路分工明确,但会使道路和工程管线线路过长。此种布局是小规模肉羊场和因场地狭窄限制的一种布置方式,地面宽度足够的大型肉羊场不宜采用。双列式布置是肉羊场最经常使用的布置方式,其优点是既能保证场区净污道路分流明确,又能缩短道路和工程管线的长度。多列式布置在一些大型肉羊场使用,此种布置方式应重点解决场区道路的净污分道,避免因线路交叉而引起互相污染。

2. 羊舍朝向

羊舍朝向的选择与当地的地理纬度、地段环境、局部气候特征及建筑用地条件等因素有关。适宜的朝向一方面可以合理地利用太阳辐射能,避免夏季过多的热量进入舍内,而冬季则最大限度地允许太阳辐射能进入舍内以提高舍温;另一方面,可以合理利用主导风向,改善通风条件,以获得良好的肉羊舍环境。

羊舍要充分利用场区原有的地形、地势,在保证建筑物具有合理的朝向,满足采光、通风要求的前提下,尽量使建筑物长轴沿场区等高线布置,以最大限度减少土石方工程量和基础工程费用。生产区羊舍朝向一般应以其长轴南向,或南偏东、南偏西40°以内为宜。

光照是促进肉羊正常生长、发育、繁殖等不可缺少的环境因子。自然光照的合理利用,不仅可以改善舍内光温条件,还可起到很好的杀菌作用,利于舍内小气候的净化。中国地处北纬20°~50°,太阳高度角冬季小、夏季大,为确保冬季舍内获得较多的太阳辐射热,防止夏季太阳过分照射,肉羊舍宜采用东西走向或南偏东或偏西15°左右朝向较为合适。

肉羊舍布置与场区所处地区的主导风向关系密切,主导风向直接影响冬季肉羊舍的热量损耗和夏季舍内和场区的通风,特别是在采用自然通风系统时。从室内通风效果看,若风向入射角(肉羊舍墙面法线与主导风向的夹角)为0°时,舍内与窗间墙正对这段空气流速较低,有害空气不易排除;风向入射角改为30°~60°时,舍内低速区(涡风区)面积减少,改善舍内气流分布的均匀性,可提高通风效果。从整个场区的通风效果看,风向入射角为0°时,肉羊舍背风面的涡流区较大,有害气体不易排除;风向入射角改为30°~60°时,有害气体亦能顺利排除。从冬季防寒要求看,若冬季主导风向与肉羊舍纵墙垂直,则会使肉羊舍的热损耗最大。因此,肉羊舍朝向要求综合考虑当地的气象、地形等特点来合理确定。

3. 肉羊舍间距

具有一定规模的肉羊场,生产区内有一定数量和不同用途的羊舍。除个别采用连栋形式的羊舍外,排列时羊舍与羊舍之间均有一定的距离要求。若距离过大,则会占地太多而浪费土地,并会增加道路、管线等基础设施投资,管理也不便。若距离过小,会加大各舍间的干扰,对羊舍采光、通风防疫等不利。适宜的羊舍间距应根据采光、通风、防疫和消防几点综合考虑。

在中国采光间距(L)应根据当地的纬度、日照要求以及羊舍檐口高度(H)求得,采光一般以$L = 1.5 - 2H$计算即可满足要求。纬度高的地区,系数取大值。

通风与防疫间距要求一般取$3 \sim 5H$(H为南排羊舍檐高),可避免前栋排出的有害气体对后栋的影响,减少互相感染的机会,羊舍经常排放有害气体,这些气体会随着通风影响相邻羊舍。

防火间距要求没有专门针对农业建筑的防火规范,但羊舍的建造大多采用砖混结构、钢筋混凝土结构和新型建材围护结构,其耐火等级在二级至三级,所以可以参照民用建筑的标准设置。耐火等级为三级和四级的民用建筑间最小防火间距是8米和12米,所以羊舍间距如在$3 \sim 5H$,可以满足上述各项要求。

羊舍的间距主要是由防疫间距来决定。一般来说,每相邻两栋长轴平行的肉羊舍间距,无舍外运动场时,两平行侧墙的间距控制在$8 \sim 15$米为宜;有舍外运动场时,相邻运动场栏杆的间距控制在$5 \sim 8$米为宜。每相邻两栋肉羊舍端墙之间的距离以不小于15米为宜。

(五)羊舍基本构造

羊舍的基本构造包括基础、地基、地面、墙、门窗、屋顶和运动场。

1. 基础和地基

基础是羊舍地面以下承受羊舍的各种负载,并将其传递给地基的构件。基础应具备坚固、耐久、防潮、防震、抗冻和抗机械作用能力。在北方通常用毛石做基础,埋在冻土层以下,埋深厚度$30 \sim 40$厘米,防潮层应设在地面以下60毫米处。

地基是基础下面承受负载的土层,有天然、人工地基之分。天然地基的土层应具备一定的厚度和足够的承重能力,沙砾、碎石及不易受地下水冲刷的沙质土层是良好的天然地基。

2. 地面

地面是羊躺卧休息、排泄和生产的地方,是羊舍建筑中的重要组成部分,对羊的健康有直接的影响。通常情况下羊舍地面要高出舍外地面20厘米以上。由于中国南方和北方气候差异很大,地面的选材必须因地制宜就地取材。羊舍地面有以下几种类型:

（1）土质地面　属于暖地面（软地面）类型。土质地面柔软,富有弹性也不光滑,易于保温,造价低廉。缺点是不够坚固,容易出现小坑,不便于清扫消毒,易形成潮湿的环境。只能在干燥地区采用。用土质地面时,可混入石灰增强黄土的黏固性,粉状石灰和松散的粉土按3:7或4:6的体积比加适量水拌和而成灰土地面。也可用石灰:黏土:碎石、碎砖或矿渣=1:2:4或1:3:6拌制成三合土。一般石灰用量为石灰土总重的6%~12%,石灰含量越大,强度和耐水性越高。

（2）砖砌地面（图2-3）　属于冷地面（硬地面）类型。砖的孔隙较多,导热性小,具有一定的保温性能。成年母羊舍粪尿相混的污水较多,容易造成不良环境,又由于砖砌地面易吸收大量水分,破坏其本身的导热性,地面易变冷变硬。砖地吸水后,经冻易破碎,加上本身易磨损的特点,容易形成坑穴,不便于清扫消毒。所以用砖砌地面时,砖宜立砌,不宜平铺。

图2-3　砖砌地面

（3）水泥地面　属于硬地面。其优点是结实、不透水、便于清扫消毒。缺点是造价高,地面太硬,导热性强,保温性差。为防止地面湿滑,可将表面做成麻面。水泥地面的羊舍内最好设木床,供羊休息、宿卧。

（4）漏缝地板（图2-4）　漏缝地面能给羊提供干燥的卧地,集约化羊场和种羊场可用漏缝地板。国外典型漏缝地面羊舍,为封闭双坡式,跨度为6米,地面漏缝木条宽50毫米,厚25毫米,缝隙22毫米。双列食槽通道宽50厘米,可为产羔母羊提供适宜的环境条件。中国有的地区采用活动的漏缝木条地面,以便于清扫粪便。木条宽32毫米,厚36毫米,缝隙宽15毫米。或者用厚38毫米,宽60~80毫米的水泥条筑成,间距为15~20毫米。漏缝或镀锌钢丝网眼应小于羊蹄面积,以便于清除羊粪而羊蹄不至于掉下为宜。漏缝地板羊舍需配以污水处理设备,造价较高。国外大型羊场和中国南方一些羊场已普遍采用。这类羊舍为了防潮,可隔日抛撒木屑,同时应及时清理粪便,以免污染舍内空气。

图2-4 漏缝地板(羊床)

(5)吊楼式羊舍(图2-5) 多在南方天气较热、潮湿地区采用,羊舍高出地面1~2米,吊楼上为羊舍,下为承粪斜坡,后与粪池相接,楼面为木条漏缝地面。这种羊舍的特点是离地面有一定高度,防潮,通风透气性好,结构简单。通常情况下,饲料间、人工授精室、产羔室可用水泥或砖铺地面,以便消毒。

图2-5 吊楼式羊舍

(6)自动清粪地面装置(图2-6) 河南牧业经济学院权凯设计的全自动清粪羊舍(国家专利保护),改变了传统的人工清粪模式,羊舍既卫生、有利于羊的健康,又节约了劳动力,减少了生产成本。全自动清粪羊舍是现代标准化肉羊养殖的典范。

图2-6 羊舍自动清粪地面装置

3. 墙

墙是基础以上露出地面将羊舍与外部隔开的外围结构,对肉羊舍保温起着重要作用。中国多采用土墙、砖墙和石墙等。土墙造价低,导热小,保温好,但易湿不易消毒,小规模简易羊舍可采用。砖墙是最常用的一种,其厚度有半砖墙、一砖墙、一砖半墙等,墙越厚保暖性能越强。石墙,坚固耐久,但导热性大,寒冷地区效果差。国外采用金属铝板、胶合板、玻璃纤维材料建成保温隔热墙,效果很好。

墙要坚固保暖。在北方墙厚为24~37厘米,单坡式羊舍后墙高度约1.8米,前高2.2米。南方羊舍可适当提高高度,以利于防潮防暑。一般农户饲养量较少时,圈舍高度可略低些,但不得低于2.0米。地面应高出舍外地面20~30厘米,铺成斜垮台以利排水。

墙壁根据经济条件决定用料,全部砖木结构或土木结构均可。无论哪种结构都要坚固耐用。潮湿和多雨地区可采用墙基和边角用石头,砖垒一定高度,上边用土坯或打土墙建成。木头紧缺地区也可用砖建拱顶羊舍,既经济又实用。

墙体保护措施主要指墙体防潮层、面层和墙裙做法。羊舍内表面(墙体、屋顶或吊顶)经常处于潮湿环境当中,也经常需要消毒,所以应该采用水泥沙浆抹面或贴面砖等防潮措施;墙体应该做 1.2～1.5 米的墙裙进行保护。

4. 门窗

羊舍门、窗的设置既要有利于舍内通风干燥,又要保证舍内有足够的光照,要使舍内硫化氢、氨气、二氧化碳等气体尽快排出,同时地面还要便于积粪出圈。羊舍窗户的面积一般占地面面积的 1/15,距地面的高度一般在 1.5 米以上。门宽度为 2.5～3 米,羊群小时,宽度为 2～2.5 米,高度为 2 米。运动场与羊床连接的小门,宽度为 0.5～0.8 米,高度为 1.2 米。

5. 屋顶

屋顶具有防雨水和保温隔热的作用。要求选用隔热保温性好的材料,并有一定厚度,结构简单,经久耐用,保温隔热性能良好,防雨、防火,便于清扫消毒。其材料有陶瓦、石棉瓦、木板、塑料薄膜、稻(麦)草、油毡等,也可采用彩色钢板和聚苯乙烯夹心板等新型材料。在寒冷地区可加天棚,其上可储冬草,能增强羊舍保温性能。棚式羊舍多用木椽、芦席,半封闭式羊舍屋顶多用水泥板或木椽、油毡等。羊舍净高(地面至天棚的高度)2.0～2.4 米。在寒冷地区可适当降低净高。羊舍屋顶形式有单坡式、双坡式等,其中以双坡式最为常见。单坡式羊舍,一般前高 2.2～2.5 米,后高 1.7～2.0 米。屋顶斜面呈 45°。

6. 运动场

运动场是舍饲或半舍饲规模羊场必需的基础设施。一般运动场面积应为羊舍面积的 2～2.5 倍,成年羊运动场面积可按 4 米²/只计算。其位置排列根据羊舍建筑的位置和大小可位于羊舍的侧面或背面,但规模较大的羊舍宜建在羊舍的背面,低于羊舍地面 60 厘米以下,地面以沙质土壤为宜,也可采用三合土或者砖地面,便于排水和保持干燥。运动场周边可用木板、木棒、竹子、石板、砖等做围栏,高 2.0～2.5 米。中间可隔成多个小运动场,便于分群管理。运动场地面可用砖、水泥、石板和沙质土壤,不得高于羊舍地面,周边应有排水沟,保持干燥和便于清扫。并有遮阳棚或者绿色植物,以抵挡夏季烈日。

第二节　肉羊场环境安全控制技术

肉羊生产过程中排出大量废弃物如粪便、污水、甲烷、二氧化碳等,若处理不当,会对环境造成污染。2001 年国家环保总局发布《畜禽养殖业污染物排放标准》(GB 18596—2001),对养殖业污染物的排放管理做出了相关规定。

一、羊粪的处理方法

1. 发酵处理

发酵处理即利用各种微生物的活动来分解粪中有机成分,有效地提高有机物质的利用率。根据发酵微生物的种类可分为有氧发酵和厌氧发酵两类。

(1)充氧动态发酵 在适宜的温度、湿度以及供氧充足的条件下,好氧菌迅速繁殖,将粪中的有机物质分解成易被消化吸收的物质,同时释放出硫化氢、氨等气体。在45~55℃下处理12小时左右,可生产出优质有机肥料和再生饲料。

(2)堆肥发酵处理(图2-7) 堆肥是指富含氮有机物的畜粪与富含碳有机物的秸秆等,在好氧、嗜热性微生物的作用下转化为腐殖质、微生物及有机残渣的过程。堆肥过程产生的高温(50~70℃),可使病原微生物和寄生虫卵死亡。炭疽杆菌致死温度为50~55℃,所需时间1小时,布氏杆菌分别为65℃、2小时。口蹄疫病毒在50~60℃迅速死亡,蠕虫卵和幼虫在50~60℃,1~3分即可杀灭。经过高温处理的粪便呈棕黑色、松软、无特殊臭味、不招苍蝇,卫生、无害。

图2-7　堆肥发酵处理

(3)沼气发酵处理 沼气处理是厌氧发酵过程,可直接对粪水进行处理。其优点是产出的沼气是一种高热值可燃气体,沼渣是很好的肥料。经过处理的干沼渣还可作饲料。

2. 干燥处理(图2-8)

(1)脱水干燥处理 通过脱水干燥,使其中的含水量降低到15%以下,便于包装运输,又可抑制畜粪中微生物活动,减少养分(如蛋白质)损失。

(2)高温快速干燥 采用以回转圆筒烘干炉为代表的高温快速干燥设备,可在短时间(10分左右)内将含水率为70%的湿粪,迅速干燥至含水量仅10%~15%的干粪。

(3)太阳能自然干燥处理 采用专用的塑料大棚,长度可达60~90米,内有混凝土槽,两侧为导轨,在导轨上安装有搅拌装置。湿粪装入混凝土槽,搅拌装置沿着导轨在大棚内反复行走,通过搅拌板的正反向转动来捣碎、翻动和推送畜粪,并通过强制通风排除大棚内的水汽,达到干燥畜粪的目的。夏季只需要约1周的时间即可把畜粪的含水量降到10%左右。

图2-8 羊粪的干燥处理

二、污水的处理与利用

集约化养羊场(区)的废水不得排入敏感水域和有特殊功能的水域,排放去向应符合国家和地方的有关规定。

1. 水污染物的排放标准

采用水冲工艺的肉羊场,最高允许排水量:每天每100只羊排放水污染物冬季为1.1~1.3米³,夏季为1.4~2.0米³。采用干清粪工艺的肉羊场,最高允许排水量每天每100只羊冬季为1.1米³,夏季为1.3米³。集约化养羊场水污染物最高允许日均排放浓度:5日生化需氧量150毫克/毫升,化学需氧量400毫克/毫升,悬浮物200毫克/毫升,氨氮80毫克/毫升,总磷(以磷计)

8.0毫克/毫升,粪大肠杆菌数1 000个/毫升,蛔虫卵2个/升。

2. 集约化养羊场废渣的固定储存设施和场所

储存场所要有防止粪液渗漏、溢流的措施。用于直接还田的畜粪须进行无害化处理。禁止直接将废渣倾倒入地表水或其他环境中。粪便还田时,不得超过当地的最大农田负荷量,避免造成地下水污染。随着养羊业的高速发展和生产效率的提高,养羊场产生的污水量也大大增加,这些污水中含有许多腐败有机物,也常带有病原体,若不妥善处理,就会污染水源、土壤等环境,并传播疾病。

3. 污水的处理与利用

养羊场污水处理的基本方法有物理处理法、化学处理法和生物处理法。这3种处理方法单独使用时均无法把养羊场高浓度的污水处理好,要采用综合系统处理。

(1)物理处理法 物理处理法是利用物理作用,将污水中的有机污染物质、悬浮物、油类及其他固体物分离出来,常用方法有固液分离法、沉淀法、过滤法等。固液分离法首先将羊舍内粪便清扫后堆好,再用水冲洗,这样既可减少用水量,又能减少污水中的化学耗氧量,给后段污水处理减少许多麻烦。

利用污水中部分悬浮固体其密度大于1克/厘米^{3}的原理使其在重力作用下自然下沉,与污水分离,此法称为沉淀法。固形物的沉淀是在沉淀池中进行的,沉淀池有平流式沉淀池和竖流式沉淀池2种。

过滤法主要是使污水通过带有孔隙的过滤器使水变得澄清的过程。养羊场污水过滤时一般先通过格栅,用以清除漂浮物(如草末、大的粪团等)之后进入滤池。

(2)化学处理法 化学处理法是根据污水中所含主要污染物的化学性质,用化学药品除去污水中的溶解物质或胶体物质,如混凝沉淀,用三氯化铁、硫酸铝、硫酸亚铁等混凝剂,使污水中的悬浮物和胶体物质沉淀而达到净化目的。

(3)生物处理法 生物处理法是利用微生物分解污水中的有机物的方法。净化污水的微生物大多是细菌,此外还有真菌、藻类、原生动物等。该法主要有氧化塘、活性污泥法、人工湿地处理。

第三章 肉羊标准化品种与杂交利用技术

羊的品种对生产有着重要的作用,品种也是养羊实现盈利的先决条件,因此,如何选择适合当地环境要求的品种,如何进行品种的选育,对养羊效益有着最为直接的影响。

第一节　国内外肉羊的主要品种

一、波尔山羊(图 3-1)

2003 年国家颁布了 GB 19376—2003《波尔山羊种羊》标准。波尔山羊被称为世界"肉用山羊之王",是世界上著名的生产高品质瘦肉的山羊,是一个优秀的肉用山羊品种。该品种原产于南非,作为种用,已被非洲许多国家以及新西兰、澳大利亚、德国、美国、加拿大等国引进。自 1995 年中国从德国引进首批波尔山羊以来,许多地区包括江苏、山东等地也先后引进了一些波尔山羊,并通过纯繁扩群逐步向周边地区和全国各地扩展,显示出很好的肉用特征、广泛的适应性、较高的经济价值和显著的杂交优势。波尔山羊是肉用山羊品种,具有体型大、生长快、繁殖力强、产羔多、屠宰率高、产肉多、肉质细嫩、适口性好、耐粗饲、适应性强、抗病力强和遗传性稳定等特点。

图 3-1　波尔山羊

1. 起源

波尔山羊是在南非经过近两个世纪的风土驯化杂交选育而成的大型肉用山羊品种。早在 19 世纪初,随着羊场主的居住趋于安定,人们就开始对其所饲养的山羊的某些性状有目的地进行选择。经过约一个世纪的漫长选育,逐渐形成了具有良好的体型、高生长率、高繁殖率、体躯被毛短、头部和肩部有红色毛斑的改良型山羊。1959 年 7 月南非成立波尔山羊育种者协会,并制定选育方案和育种标准,之后,波尔山羊的选育进入了正规化育种。最初的育种标准主要描述波尔山羊的形态特征,随着生产者认识和接受波尔山羊生产性能测定的优点,开始进入波尔山羊生产特征方面的选择阶段,最终形成了目前的肉用波尔山羊,定名为改良波尔山羊。

2. 外貌特征

波尔山羊毛色为白色,头颈为红褐色,并在颈部有一条红色毛带。

头部:头部粗壮,眼大、棕色;口颚结构良好;额部突出,曲线与鼻和角的弯曲相应,鼻呈鹰钩状;角坚实,长度中等,公羊角基粗大,向后、向外弯曲,母羊角细而直立;有髯;耳长而大,宽阔下垂。

颈部:颈粗壮,长度适中,且与体长相称;肩宽肉厚,体躯胛相称,胛宽阔不尖突,胸深而宽,颈胸结合良好。

体躯与腹部:前躯发达,肌肉丰满;体躯深而宽阔,呈圆筒形;肋骨开张与腰部相称,背部宽阔而平直;腹部紧凑;尻部宽而长,臀部和腿部肌肉丰满;尾平直,尾根粗、上翘。

四肢:四肢端正,短而粗壮,系部关节坚韧,蹄壳坚实,呈黑色;前肢长度适中、匀称。

皮肤与被毛:全身皮肤松软,颈部和胸部有明显的皱褶,尤以公羊为甚。眼睑和无毛部分有色斑。全身毛细而短,有光泽,有少量绒毛。头颈部和耳为棕红色。头、颈和前躯为棕红色,允许有棕色,额端到唇端有一条白带。体躯、胸部、腹部与前肤为白色,允许有棕红色斑。尾部为棕红色,允许延伸到臀部。

生殖器官:母羊有一对结构良好的乳房。公羊有一个下垂的阴囊,有两个大小均匀、结构良好而较大的睾丸。

3. 生长性能和品质

成年波尔山羊公羊、母羊的体高分别达 75 ~ 90 厘米和 65 ~ 75 厘米,体重分别为 95 ~ 120 千克和 65 ~ 95 千克。屠宰率较高,平均为 48.3%。波尔山羊可维持生产价值至 10 岁,是世界上著名的生产高品质瘦肉的山羊。此外,波尔山羊的板皮品质极佳,属上乘皮革原料。

4. 繁殖力与产羔率

波尔山羊属非季节性繁殖家畜,一年四季都能发情配种产羔。母羊 6 月齢成熟,由于在秋季性激素水平较高,故而春夏季性活动较少,秋季为性活动高峰期。据100头母羊的产羔结果,产单羔者24头,双羔者58头,三羔者15头,四羔者1头。平均窝产羔数为1.93头。公羊6月龄成熟,在放牧的情况下平均配种15头母羊,9月龄以上平均可配种30头母羊。高产羔率意味着提高了每头母羊和单位面积肉产量。

5. 耐粗饲性和适应性

波尔山羊是最耐粗饲和适应性最强的家畜品种之一。能适应南非各种气候地带,在内陆气候、热带和亚热带灌木丛、半荒漠和沙漠地区都表现生长良好。在干旱情况下,不供水和饲料,与其他动物相比存活时间最长。有放牧习性,可采食小树和灌木以及其他动物不吃的植物。采食范围大,高至160厘米的树叶和树皮,低至10厘米的牧草都可采食,因而适于与牛混牧提高每公顷牧地的产肉量。波尔山羊有罕见的抗病能力,如抗蓝舌病、氢氰酸中毒症和肠毒血症等。

6. 杂交利用

用纯种的波尔山羊公羊和当地的母羊交配生的小羊叫波杂一代,用符号表示♂(纯波尔山羊)×♀(当地母羊)=F1(一代)简称杂交一代,理论重量=纯波尔山羊公羊的重量加当地母羊的重量之和再除以2,中国山羊的个体普遍较小,用引进的波尔山羊公羊作终端父本杂交当地羊,杂交一代有杂交优势,普遍比当地羊长得快,长得大。杂交一代含有50%的波尔山羊血缘。有波尔山羊肉用的体型特征,耳朵比当地羊大且下坠。用另一只纯种波尔山羊公羊和杂交一代母羊交配生的小羊叫波杂二代,用符号表示♂(另一纯波尔山羊)×♀(F1)=F2(二代)简称杂交二代,理论重量=纯波尔山羊公羊的重量加杂交一代的重量之和再除以2,二代含有75%的波尔山羊血缘,纯波尔山羊公羊的[100%+50%(F1代羊)]/2=75%,杂交二代部分羊具有波尔山羊棕色的花头,只是颜色淡。同样,用纯种的波尔山羊公羊和杂交二代母羊交配生的小羊叫波杂三代,杂交三代含有87.5%的波尔山羊血缘。如此类推,杂交羊无法含有100%的波尔山羊的血统,杂交三代很像波尔山羊,专业人员是能区分的,中国引进波尔山羊的目的是改良品种,杂交羊最终目的是上老百姓的餐桌。就目前而言,现在的杂交一代、二代、三代卖的价格都很贵,需求量极大,远远超过肉羊的价格。有的地方买纯种波尔山羊有困难,购杂交三代公羊搞改良,效果也不错,用杂交三代公羊和当地母羊交配生成的小羊,波尔山羊血统为43.7%,用波尔山羊杂交鲁西白山羊,据对66只怀孕母羊的调查,其中第一个情期受胎 38 只,第二个情期受胎 18 只,第三个情期受胎 10 只,共产羔 175 只,母羊胎繁殖率为 265%,成活 159 只,成活率为 90.9%。波尔 F1(F1:杂交一代)羔羊体型外貌明显趋向父本。其头大、额宽、耳扁宽大而下垂、胸宽深、背腰长平、四肢粗壮、前后躯发育良好、肌肉丰满;尾尖有一弯曲,公羊多有角。全身被毛为白色,颈至头部毛色多为棕色,有的脊柱有棕色背线。通过对波尔 F1 羔羊适应性观察,在当地饲养无不良反应,表现为性情温驯、哺乳性能良好、觅食性强、不挑食、食量大。对一般疾病的抗病能力与当地羊相似,比较适应当地的气候与自然条件。通过对波尔 F1 的测试,其体尺、体重的增长比鲁西白山羊有明显提高。体高、体长、胸围、管围 4 项主要体尺指标比鲁西白山羊增幅在 20%~40%,均有明显提高。波尔 F1 体重增加更为显著,其初生、3 月龄、6 月龄和 9 月龄比鲁西白山羊分别提高 48.54%、99.57%、91.83% 和 82.67%,平均日增重指标 F1 羔羊为 120~180 克,比鲁西白山羊高出 0.5~1 倍。9 月龄 F1 公母羔体重分别达到 46.35 千克和 39.33 千克。

二、小尾寒羊(图 3-2)

小尾寒羊是中国优良的肉裘兼用地方品种,具有体格大、生长发育快、早熟、繁殖力强、性能遗传稳定、适应性强等特点。2002 年山东省颁布了《小尾寒羊品种标准》的地方标准,规定了小尾寒羊的品种特征、特性、分级标准、鉴定规则。

1. 产地分布及环境

小尾寒羊产于河北南部、河南东部和东北部、山东南部及皖北、苏北一带,主要分布于山东省的嘉祥、曹县、汶上、梁山等县及苏北、皖北、河南的部分地区。产区属黄淮冲积平原,地势较低,土质肥沃,气候温和。年平均气温为 13~15℃,1 月为 -14~0℃,7 月为 24~29℃,年降水量为 500~900 毫米,无霜期为 160~240 天。产区是中国小麦、杂粮和经济作物的主要产区之一。农作物可一年两熟或两年三熟,农副产品丰富,可为养羊提供大量的饲草饲料。

2. 品种特征

小尾寒羊体型匀称,体质结实。鼻梁隆起,耳大下垂。公羊头大颈粗,有较大螺旋形角;母羊头小颈长,有小角、姜角或角根。公羊前胸较深,鬐甲高,背腰平直,体躯高大,侧视呈方形。四肢粗壮,蹄质结实。脂尾略呈椭圆形,下端有纵沟,尾长不超过飞节。毛白色、异质,有少量干死毛,少数个体头部有色斑,有的羊眼圈周围有黑色刺毛。根据被毛形态可分为裘皮型、细毛型和粗毛

图3-2　小尾寒羊

型3种,三者比例分别为52.89%、39.58%和7.53%。裘皮型小尾寒羊数量较多,其体格较大,产羔率高,毛股清晰,花弯多而明显,花穗美观,制裘价值高;细毛型小尾寒羊毛细而密,毛股不清晰,花弯少,体质精致紧凑,体格较小,产肉好;粗毛型小尾寒羊数量较少,毛股花弯大,羊毛粗硬干燥,有较多的干死毛,体格大而骨骼疏松。

3. 体尺和体重

小尾寒羊体尺和体重指标如表3-1所示。

表 3 - 1　小尾寒羊体尺和体重指标

年龄	母羊				公羊			
	体高（厘米）	体长（厘米）	胸围（厘米）	体重（千克）	体高（厘米）	体长（厘米）	胸围（厘米）	体重（千克）
3 月龄	65	65	75	24	68	68	80	26
	63	63	70	20	65	65	75	22
	55	55	65	18	60	60	70	20
	50	50	60	16	55	55	65	18
6 月龄	75	75	85	42	80	80	90	46
	70	70	80	35	75	75	85	38
	65	65	75	31	70	70	75	34
	60	60	70	28	65	65	70	31
周岁	80	80	95	60	95	95	105	90
	75	75	90	50	90	90	100	75
	70	70	85	45	85	85	95	67
	65	65	80	40	80	80	90	60
成年	85	85	100	66	100	100	120	120
	80	80	95	55	95	95	110	100
	75	75	90	49	90	90	105	90
	70	70	85	44	85	85	100	81

4. 繁殖特性

母羊初情期 5~6 个月,6~7 月龄可配种怀孕,发情周期 16.67 天 ±0.19 天。妊娠期 148.33 天 ±2.44 天。母羊常年发情、配种,以春、秋季节较为集中,每个产羔周期为 8 个月。初产母羊产羔率在 200% 以上,经产母羊在 250% 以上。公羊 8 月龄即可配种。母羊产羔指数指标见表 3 - 2。

表 3 - 2　母羊产羔指数指标

产羔类型	等级产羔数			
	特级	一级	二级	三级
初产	3	2	2	1
经产	4	3	2	1

5. 生产性能

体重:3 月龄公羔断奶体重 22 千克以上,母羔 20 千克以上;6 月龄公羔 38 千克以上,母羔 35 千克以上;周岁公羊 75 千克以上,母羊 50 千克以上;成年公羊 100 千克以上,母羊 55 千克以上。

产肉性能:8 月龄的公、母羊屠宰率在 53% 以上,净肉率在 40% 以上,肉质好。

产毛性能:成年公羊年剪毛量 4 千克以上,母羊 2 千克以上;净毛率在 60% 以上。

毛皮品质:羔皮皮板轻薄、花穗明显、花案美观;板皮质地坚韧,弹性好,适宜制裘、制革。

三、杜泊羊(图 3 – 3)

杜泊肉用绵羊原产于南非,是由有角陶赛特羊和波斯黑头羊杂交育成,主要用于羊肉生产。

图 3 – 3　杜泊羊

1. 外貌特征

杜泊绵羊头颈为黑色,体躯和四肢为白色,头顶部平直、长度适中,额宽,鼻梁隆起,耳大稍垂,既不过短也不过宽。颈粗短,肩宽厚,背平直,肋骨拱圆,前胸丰满,后躯肌肉发达。四肢强健而长度适中,肢势端正。整个身体犹如一架高大的马车。杜泊绵羊分长毛型和短毛型两个品系。长毛型羊生产地毯毛,较适应寒冷的气候条件;短毛型羊被毛较短(由发毛或绒毛组成),能较好地抗炎热和雨淋。杜泊羊个体高度中等,体躯丰满,体重较大。成年公羊和母羊的体重分别在 120 千克和 85 千克左右。

2. 繁殖性能

在肉用绵羊的繁殖过程中,最重要的经济因素之一是高繁殖率。杜泊羊繁殖期长,不受季节限制。在良好的生产管理条件下,杜泊母羊可在一年四季任何时期产羔,母羊的产羔间隔期为 8 个月。在饲料条件和管理条件较好的情况下,母羊可达到 2 年 3 胎,一般产羔率能达到 150%,在较一般放养条件下,产羔率为 100%。在由大量初产母羊组成的羊群中,产羔率在 120% 左右。

3. 主要特点

(1)增重速度快 杜泊羔羊生长迅速,断奶体重大,这一点是肉用绵羊生产的重要经济特性。3.5~4 月龄的杜泊羔羊体重可达 36 千克,屠宰胴体约为 16 千克,品质优良。羔羊不仅生长快,而且具有早期采食的能力。一般条件下,羔羊平均日增重 81~91 克。

(2)胴体品质好、适应性强、食草广泛、母性好 生长良好的羔羊,其胴体品质无论在形状或脂肪分布方面均能达到优秀的标准。年龄为 A 级(年轻、肉嫩、多汁)、脂肪 2~3 级(肉味道好)、形状为 3~5 级(中等到圆形胴体)的杜泊羊胴体称为最优级胴体,销售时冠为"钻石级杜泊羊"。

(3)适应性 杜泊羊能良好地适应广泛的气候条件和放牧条件,该品种在培育时主要用于南非较干旱的地区,但今天已广泛分布在南非各地。在多种不同草地草原和饲养条件下都有良好表现,在精养条件下表现更佳。

(4)抗逆性 杜泊羊具有良好的抗逆性。在较差的放牧条件下,许多品种羊不能生存时,它却能存活。即使在相当恶劣的条件下,母羊也能产出并带好一头质量较好的羊羔。由于当初培育杜泊羊的目的在于适应较差的环境,加之这种羊具备内在的强健性和非选择的食草性,使得该品种在肉绵羊中有较高的地位。

(5)食谱广 杜泊羊食草性强,对各种草不会挑剔,这一优势很有利于饲养管理。在大多数羊场中,可以进行放养,也可饲喂其他品种家畜较难利用或不能利用的各种草料,羊场中既可单养杜泊羊,也可混养少量的其他品种,使较难利用的饲草资源得到利用。杜泊母羊产乳量高,护羔性好,不管是带单羔或者双羔,都能培育得很好。

四、夏洛莱羊(图3-4)

夏洛莱羊产于法国中部的夏洛莱地区,以英国莱斯特羊、南丘羊为父本与当地的细毛羊杂交育成的,是当今世界最优秀的肉用品种,具有早熟、耐粗饲、采食能力强、肥育性能好等特点。夏洛莱羊头部无毛,脸部呈粉红色或灰色,额宽,耳大灵活,体躯长,胸宽深,背腰平直,后躯丰满,前后裆宽,肌肉发达呈倒"U"字形,四肢较短,粗壮,下部呈浅褐色。成年公羊体重为110~140千克,母羊80~100千克;周岁公羊体重70~90千克,周岁母羊体重50~70千克,8月龄公羊达60千克,母羊40千克,屠宰率50%~55%,胴体品质好,瘦肉多,脂肪少,母羊8月龄参加配种,初产羔率达140%,3~5胎可达190%。

图3-4 夏洛莱羊

五、萨福克羊(图3-5)

萨福克羊原产于英国,是世界公认的用于终端杂交的优良父本品种。澳大利亚白萨福克是在原有基础上导入白头和多产基因新培育而成的优秀肉用品种。体格大,颈长而粗,胸宽而深,背腰平直,后躯发育丰满,呈桶形,公母羊均无角。四肢粗壮。早熟,生长快,肉质好,繁殖率很高,适应性很强。

成年公羊体重为 110～150 千克,成年母羊 70～100 千克,4 月龄 56～58 千克,繁殖率 175%～210%。

白萨福克羊是澳大利亚近年培育的肉羊新品种,是英国萨福克羊的改进型,具有优秀的产肉性能、优美的外形、很高的繁殖率、良好的杂交效果,是最佳的终端父本。

中国新疆和内蒙古等自治区从澳大利亚引入该品种羊,除进行纯种繁育外,还同当地粗毛羊及细毛杂种羊杂交来生产肉羔。萨福克与国内细毛杂种羊、哈萨克羊、阿勒泰羊、蒙古羊等杂交,在相同的饲养管理条件下,杂种羔羊具有明显的肉用体型。利用这种方式进行专门化的羊肉生产,羔羊当年即可出栏屠宰,使羊肉生产水平和效率显著提高。

图 3-5　萨福克羊

六、无角陶赛特羊(图3-6)

无角陶赛特羊原产于大洋洲的澳大利亚和新西兰。该品种是以雷兰羊和有角陶赛特羊为母本,考力代羊为父本进行杂交,杂种羊再与有角陶赛特公羊回交,然后选择所生的无角后代培育而成。该品种羊具有早熟、生长发育快、全年发情和耐热及适应干燥气候等特点。公、母羊均无角,体质结实,头短而宽,颈粗短,体躯长,胸宽深,背腰平直,体躯呈圆桶形,四肢粗短,后躯发育良好,全身被毛白色。成年公羊体重100~125千克,母羊75~90千克。胴体品质和产肉性能好,4月龄羔羊胴体20~24千克,屠宰率50%以上,产羔率为130%~180%。新疆和内蒙古曾从澳大利亚引入该品种,经过初步改良观察,遗传力强,是发展肉用羔羊的父系品种之一。中国用无角陶赛特公羊与小尾寒羊母羊杂交,6月龄公羔胴体重为24.20千克,屠宰率达54.50%,净肉率达43.10%,后腿肉和腰肉重占胴体重的46.07%。

图3-6 无角陶赛特羊

七、特克赛尔羊(图3-7)

特克赛尔羊源于荷兰北海岸的特克赛尔岛,19世纪中期引入林肯羊和莱斯特羊与之杂交育成。具有肌肉发育良好、瘦肉多等特点。现在美国、澳大利亚、新西兰等地有大量饲养,被用于肥羔生产。

特克赛尔羊具有早熟、多胎、生长快、产肉产毛性能均较好和适应性强的特点。公、母羊均无角,耳短,头及四肢无羊毛覆盖,仅有白色的发毛,头部宽短,鼻部黑色。背腰平直,肋骨开张良好。

成年公羊体重90~130千克,母羊65~90千克。公羔平均初生重为5.0千克,2月龄平均体重为26千克,平均日增重为350克;4月龄平均体重为45

千克,2~4月龄平均日增重为317克;6月龄平均体重为59千克。母羔平均初生重为4.0千克,2月龄平均体重为22千克,平均日增重为300克;4月龄平均体重为38千克,2~4月龄平均日增重为267克;6月龄平均体重为48千克。4~6月龄羔羊出栏屠宰,平均屠宰率为55%~60%,瘦肉率、胴体出肉率高。

20世纪90年代末期,黑龙江、宁夏等省区已引进特克赛尔羊,作为终端杂交父本来改善肉品质,具有很好的效果。

图3-7 特克赛尔羊

八、湖羊(图3-8)

湖羊具有早熟、四季发情、多胎多羔、繁殖力强、泌乳性能好、生长发育快、有理想产肉性能、肉质好、耐高温高湿等优良性状,分布于中国太湖地区。由于受到太湖的自然条件和人为选择的影响,逐渐育成独特的一个稀有品种,产区在浙江、江苏间的太湖流域,所以称为"湖羊"。

1. 外貌特征

湖羊体格中等,公、母均无角,头狭长,鼻梁隆起,多数耳大下垂,颈细长,体躯狭长,背腰平直,腹微下垂,尾扁圆,尾尖上翘,四肢偏细而高。被毛全白,腹毛粗、稀而短,体质结实。

2. 生产性能

湖羊羔皮为出生当天所剥的羔皮,毛色洁白,具有扑而不散的波浪花和片花及其他花纹,光泽好,皮板轻薄而致密。袍羔皮:为3月龄左右羔羊所宰剥的毛皮。毛股长5~6厘米,花纹松散,皮板轻薄。老羊皮:成年羊屠宰后所剥下的湖羊皮是制革的好原料。羔羊生长发育快,3月龄断奶体重公羔25千克以上,母羔22千克以上。成年羊体重公羊65千克以上,母羊40千克以上。屠宰率50%左右,净肉率38%左右。

3. 繁殖性能

湖羊一般安排在春季4~5月配种,秋季9~10月产羔,1年1胎。但一部分羊也可适当调整繁殖季节,在9~11月配种,第二年2~4月产羔,但秋配春产的羊不宜留种,只适合用于肉羊生产。在正常饲养条件下,可年产2胎或2年3胎,每胎一般2羔,经产母羊平均产羔率220%以上。

图3-8 湖羊

九、马头山羊(图3-9)

马头山羊是湖北省、湖南省肉皮兼用的地方优良品种之一,主产于湖北省十堰、恩施等地区和湖南省常德、黔阳等地区。马头山羊体型、体重、初生重等指标在国内地方品种中荣居前列,是国内山羊地方品种中生长速度较快、体型较大、肉用性能最好的品种之一。

马头山羊公母羊均无角,头形似马,性情迟钝,头较长,大小中等,公羊4月龄后额顶部长出长毛(雄性特征),并渐伸长,可遮至眼眶上缘,长久不脱,去势1月后就全部脱光,不再复生。马头山羊体形呈长方形,结构匀称,骨骼坚实,背腰平直,肋骨开张良好,臀部宽大,稍倾斜,尾短而上翘。乳房发育尚可。四肢坚强有力,行走时步态如马,频频点头。马头山羊皮厚而松软,毛稀无绒。毛被白色为主,有少量黑色和麻色。按毛长短可分为长毛型和短毛型两种类型。按背脊可分为双脊和单脊两类。以双脊和长毛型品质较好。

马头山羊性成熟早,四季可发情,在南方以春、秋、冬季配种较多。母羔3~5月龄,公羔4~6月龄性成熟,一般在8~10月龄配种,1年2胎或2年3胎。产羔率182%左右,每胎产羔1~4只,初产母羊多产单羔,经产母羊多产双羔或多羔。

马头山羊抗病力强、适应性广、合群性强,易于管理,丘陵山地、河滩湖坡、农家庭院、草地均可放牧饲养,也适于圈养,在中国南方各省都能适应。华中、西南、云贵高原等地引种牧羊,表现良好,经济效益显著。

图3-9 马头山羊

十、南江黄羊(图3-10)

2004年农业部颁布了NY 809—2004《南江黄羊》行业标准。南江黄羊产于四川省南江县,由四川省南江县畜牧局等7个单位联合培育,1995年10月13日经过南江黄羊新品种审定委员会审定,1996年11月14日通过国家畜禽遗传资源管理委员会羊品种审定委员会实地复审,1998年4月17日被农业部批准正式命名。南江黄羊不仅具有性成熟早、生长发育快、繁殖力高、产肉性能好、适应性强、耐粗饲、遗传性稳定的特点,而且肉质细嫩、适口性好、板皮品质优。南江黄羊适宜在农区、山区饲养。

图3-10 南江黄羊

1. 外貌特征

南江黄羊被毛黄色,毛短而富有光泽,面部毛色黄黑,鼻梁两侧有一对称的浅色条纹,公羊颈部及前胸着生黑黄色粗长被毛,自枕部沿背脊有一条黑色毛带,十字部后渐浅;头大适中,耳大长直或微垂,鼻微拱,有角或无角;体躯略呈圆桶形,颈长度适中,前胸深广、肋骨开张,背腰平直,四肢粗壮。

2. 生产性能

南江黄羊成年公羊体重 50 ~ 70 千克,母羊 34 ~ 50 千克。公、母羔平均初生重为 2.28 千克,2 月龄体重公羔为 9 ~ 13.5 千克,母羔为 8 ~ 11.5 千克。

南江黄羊初生至 2 月龄日增重公羔为 120 ~ 180 克,母羔为 100 ~ 150 克;至 6 月龄日增重公羔为 85 ~ 150 克,母羔为 60 ~ 110 克;至周岁日增重公羔为 35 ~ 80 克,母羔为 21 ~ 36 克。南江黄羊 8 月龄羯羊平均胴体重为 10.78 千克,周岁羯羊平均胴体重 15 千克,屠宰率为 49%,净肉率 38%。

南江黄羊性成熟早,3 ~ 5 月龄初次发情,母羊 6 ~ 8 月龄体重达 25 千克开始配种,公羊 12 ~ 18 月龄体重达 35 千克开始配种。成年母羊四季发情,发情周期平均为 19.5 天,妊娠期 148 天,产羔率 200% 左右。

第二节 肉羊的杂交利用

一、肉羊杂交改良的方法

由于中国专门化的肉羊生产起步较晚,到目前为止,尚没有中国自己的专门化肉羊品种。除极少部分地方品种繁殖性能突出外,绝大多数地方品种不适合肉羊生产的基本要求。因而必须走杂交改良之路,利用引进的优良肉用品种提高地方品种的肉用性能,在此基础上逐步杂交育成中国自己的肉羊品系或品种。杂交方法主要有导入杂交、级进杂交和经济杂交。

(一)导入杂交

当某些缺点在本品种内的选育无法提高时可采用导入杂交的方法。导入杂交应在生产方向一致的情况下进行。改良用的种与原品种母羊杂交一次后再进行 1 ~ 2 次回交,以获得含外血 1/8 ~ 1/4 的后代,用以进行自群繁育。导入杂交在养羊业中广泛应用,其成败在很大程度上取决于改良用品种公羊的选择和杂交中的选配及羔羊的培育条件方面。在导入杂交时,选择品种的个体很重要。因此要选择经过后裔测验和体型外貌特征良好,配种能力强的公羊,还要为杂种羊创造一定的饲养管理条件,并进行细致的选配。此外,还要加强原品种的选育工作,以保证供应好的回交种羊。

（二）级进杂交

级进杂交也称吸收杂交,改进杂交。改良用的公羊与当地母羊杂交后,从第一代杂种开始,以后各代所产母羊,每代继续用原改良品种公羊选配,到3～5代杂种后代生产性能基本与改良品种相似。杂交后代基本上达到目标时,杂交应停止。符合要求的杂种公母羊可以横交。

（三）经济杂交

经济杂交的目的是通过品种间的杂种优势生产商品肉羊,是利用两个品种的一代杂种提供产品而不作种用。一代杂种具有杂种优势,所以生活能力强,生长发育快,在肥羔肉生产中经济应用。经济杂交的优点在于,第一代的杂种公羔生长快,生产商品肉有重要意义,它的第一代杂种母羊不仅可以作为肉羊,也可以作为种用提高生产性能。

杂交品种表现为生活力强,生长速度快,成熟早,适应性强,繁殖力高,饲料报酬高,产肉多,品质好,可节省饲养成本,增加收益。衡定经济杂交效果的指标是杂种优势率。国内目前采用杜泊羊与小尾寒羊杂交,取得了良好的效果(图3－11、图3－12)。

杂种优势率的高低一方面取决于杂交亲本间的配合力,更主要取决于经济性状的遗传力。一般来说,遗传力越低的性状杂种优势率越明显。如繁殖力的遗传力一般为0.1～0.2,其杂种优势率可达15%～20%;肥育性状的遗传力在0.2～0.4,杂种优势率为10%～15%,而胴体品质性状的遗传力为0.3～0.6,杂种优势率仅为5%左右。据报道,两元轮回杂交肥羔出售时体重比双亲均值提高16.6%,三元轮回杂交比纯种均值提高32.5%。

由于经济杂交所产生的杂交后代在生活力、抗病力、繁殖力、育肥性能、胴体品质等方面均比亲本具有不同程度的提高,因而成为当今肉羊生产中所普遍采用的一项实用技术。在西欧、大洋洲、美洲等肉羊生产发达国家,用经济杂交生产肥羔肉的比率已高达75%以上。利用杂种优势的表现规律和品种间的互补效应,一方面可以用来改进繁殖力、成活率和总生产力,进行更经济、更有效的生产,另一方面可通过选择来提高羔羊断奶后的生长速度和产肉性状。

图 3 – 11　杜寒杂交 F1

图 3 – 12　杜寒 F2 母羊

二、杂交改良应注意的问题

第一，杂交后代的均匀性决定于可繁母羊的整齐度。用于繁殖的母羊尽可能来源于同一品种，并且在体形外貌和生产性能方面具有一定的相似程度。

第二，明确改良方向。根据自身羊群的现状特点及当地的自然经济条件，有针对性地选择改良品种。根据不同情况选择不同的杂交方式，应优先解决羊群所存在的最突出问题。

第三，把握杂交代数和改良程度，防止改良尤其是级进杂交退化。在产肉、繁殖和胴体品质改良的同时，要尽可能保持和稳定原有品种所具有的优良特性,实现性状改良,质量提高。

第四,杂交改良要与相应饲养管理方式配套。根据改良后代的生理和生长发育特点,采取科学的饲养管理制度,使改良后代的遗传潜力得到充分发挥,实现杂交改良的经济效果。

第五,建立杂交改良繁殖和生产性能记录,随时监测改良进度和效果。无论是级进杂交还是轮回杂交,再次使用同一品种改良时,严格避免重复使用同一个公羊或与其具有血缘关系的公羊,以防止亲缘繁殖,近交衰退。

第四章　肉羊的营养需要及饲料的标准化生产

　　饲料是肉羊赖以生存和生产的基础,直接关系羊肉的质量。饲料配制必须以满足肉羊生产为前提,根据肉羊生产各阶段的营养需求加以调整。

第一节　肉羊的营养物质需要

一、肉羊饲料营养成分

肉羊为了生存、繁殖后代和生产产品,必须由饲料中获取其所必需的各种元素的化合物,这些化合物称为养分,亦称为营养物质或营养素。为了合理利用饲料,科学饲养肉羊,了解饲料养分的种类与功能是非常必要的。

饲料中的化学元素,绝大部分以非单独形式存在,而是相互结合成复杂的有机或无机化合物。

1. 饲料概略养分

常用的饲料养分是指概略养分,或近似养分,其分类方案见图4-1。

各种化学元素在饲料中的主要营养成分有6种:水分、蛋白质、脂肪、糖类、矿物质和维生素。这些营养成分除水分和一部分无机盐外,绝大多数都是有机化合物。这些有机化合物在动、植物体内进行着一系列的化学变化,构成分子水平的生命活动,维持生物体内新陈代谢的正常进行。

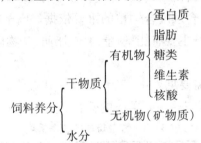

图4-1　饲料概略养分分类方案

2. 饲料纯养分

上述饲料概略养分都不只限于某一种特定的纯养分,而生产上有时需要测定蛋白质、氨基酸、维生素以及各种矿物质元素等纯养分。饲料中纯养分的测定已有相应的仪器和方法,如利用氨基酸自动分析仪可测定各种氨基酸的含量,利用原子吸收分光光度计可测定微量元素的含量,利用近红外光谱分析仪可一次性测定蛋白质、脂肪、纤维素、水分和灰分的含量。饲料概略养分中所含的纯养分见表4-1。

表 4-1　饲料概略养分中所含的纯养分

概略养分		纯养分
水分		水和可能存在的挥发性物质
干物质	有机物质 粗蛋白质	纯蛋白质、氨基酸、硝酸盐、含氮的糖苷、糖脂质、B 族维生素
	粗脂肪	油脂、油、蜡、有机酸、固醇类、色素、脂溶性维生素
	粗纤维	纤维素、半纤维素、木质素
	无氮浸出物	单糖、双糖、淀粉、果胶、有机酸类、树脂、单宁类、色素、水溶性维生素
	无机物质 灰分	常量元素：钙、钾、镁、钠、硫、磷、氯
		微量元素：铁、锰、铜、钴、碘、锌、钼、硒、氟、锡

二、肉羊的营养需要

肉羊的营养需要是指肉羊在一定环境条件下，正常生长或达到理想生产成绩以及维持健康对各种营养物质种类和数量的要求。了解肉羊的营养需要是制定肉羊饲养标准、合理配合饲粮的重要依据。肉羊在维持生命和生产过程中所需要的营养成分主要有能量、蛋白质、脂肪、矿物质、维生素、粗纤维、水分。

繁殖母羊的营养需要见表 4-2，育成母羊妊娠前后的营养需要见表 4-3，育成羊的营养需要见表 4-4，羔羊的营养需要见表 4-5。

表 4-2　繁殖母羊的营养需要

体重（千克）	日增重（克）	干物质采食量 千克	干物质采食量 占体重（%）	可消化总养分（千克）	消化能（兆焦）	代谢能（兆焦）	粗蛋白质（克）	钙（克）	磷（克）	有效维生素 A（国际单位）	有效维生素 E（国际单位）
维持需要											
50	10	1.0	2.0	0.55	10.0	8.4	95	2.0	1.8	2 350	15
60	10	1.1	1.8	0.61	11.3	9.2	104	2.3	2.1	2 820	16
70	10	1.2	1.7	0.66	12.1	10.0	113	2.5	2.4	3 290	18
80	10	1.3	1.6	0.72	13.4	10.9	122	2.7	2.8	3 760	20
90	10	1.4	1.5	0.78	14.2	11.7	131	2.9	3.1	4 230	21
配种前 2 周和配种后 3 周（催情补饲）											
50	100	1.6	3.2	0.94	17.2	14.2	150	5.3	2.6	2 350	24

体重（千克）	日增重（克）	干物质采食量 千克	干物质采食量 占体重（%）	可消化总养分（千克）	消化能（兆焦）	代谢能（兆焦）	粗蛋白质（克）	钙（克）	磷（克）	有效维生素A（国际单位）	有效维生素E（国际单位）
60	100	1.7	2.8	1.00	18.4	15.1	157	5.5	2.9	2 820	26
70	100	1.8	2.6	1.06	19.7	15.9	164	5.7	3.2	3 290	27
80	100	1.9	2.4	1.12	20.5	17.2	171	5.9	3.6	3 760	28
90	100	2.0	2.2	1.18	21.3	17.6	177	6.1	3.9	4 230	30
妊娠前15周（非泌乳期）											
50	30	1.2	2.4	0.67	12.6	10.0	112	2.9	2.1	4 250	18
60	30	1.3	2.2	0.72	13.4	10.9	121	3.2	2.5	5 100	20
70	30	1.4	2.0	0.77	14.2	11.7	130	3.5	2.9	5 950	21
80	30	1.5	1.9	0.82	15.1	12.6	139	3.8	3.3	6 800	22
90	30	1.6	1.8	0.87	15.9	13.4	148	4.1	3.6	7 650	24
妊娠最后4周（预期产羔率为130%~150%）或哺乳单羔的泌乳期后4~6周											
50	180(45)	1.6	3.2	0.94	17.2	14.2	175	5.9	4.8	4 250	24
60	180(45)	1.7	2.8	1.00	18.4	15.1	184	6.0	5.2	5 100	26
70	180(45)	1.8	2.6	1.06	19.7	15.9	193	6.2	5.6	5 950	27
80	180(45)	1.9	2.4	1.12	20.5	16.7	202	6.3	6.1	6 800	28
90	180(45)	2.0	2.2	1.18	21.3	17.6	212	6.4	6.5	7 650	30
妊娠最后4周（预期产羔率为180%~225%）											
50	225	1.7	3.4	1.10	20.1	16.7	196	6.2	3.4	4 250	26
60	225	1.8	3.0	1.17	21.3	17.6	205	6.9	4.0	5 100	27
70	225	1.9	2.7	1.24	22.6	18.4	214	7.6	4.5	5 950	28
80	225	2.0	2.5	1.30	23.8	19.7	223	8.3	5.1	6 800	30
90	225	2.1	2.3	1.37	25.1	20.9	232	8.9	5.7	7 650	32
泌乳期哺乳单羔的前6~8周或泌乳期哺乳双羔的后4~6周											
50	-25(90)	2.1	4.2	1.36	25.1	20.5	304	8.9	6.1	4 250	32
60	-25(90)	2.3	3.8	1.50	27.6	22.6	319	9.1	6.6	5 100	34
70	-25(90)	2.5	3.6	1.64	30.1	24.7	334	9.3	7.0	5 950	38
80	-25(90)	2.6	3.2	1.69	31.0	25.5	344	9.5	7.4	6 806	39
90	-25(90)	2.7	3.0	1.75	31.8	26.4	353	9.6	7.8	7 640	40
泌乳期哺乳双羔的前6~8周											

第四章 肉羊的营养需要及饲料的标准化生产

体重（千克）	日增重（克）	干物质采食量		可消化总养分（千克）	消化能（兆焦）	代谢能（兆焦）	粗蛋白质（克）	钙（克）	磷（克）	有效维生素A（国际单位）	有效维生素E（国际单位）
		千克	占体重（%）								
50	−60	2.4	4.8	1.56	28.9	23.4	389	10.5	7.3	5 060	36
60	−60	2.6	4.3	1.69	31.0	25.5	405	10.7	7.7	6 000	39
70	−60	2.8	4.0	1.82	33.5	27.6	420	11.0	8.1	7 006	42
80	−60	3.0	3.8	1.95	36.0	29.3	435	11.2	8.6	8 060	45
90	−60	3.2	3.6	2.08	38.5	31.4	450	11.4	9.0	9 060	48

表4−3　育成母羊妊娠前后的营养需要

体重（千克）	日增重（克）	干物质采食量		可消化总养分（千克）	消化能（兆焦）	代谢能（兆焦）	粗蛋白质（克）	钙（克）	磷（克）	有效维生素A（国际单位）	有效维生素E（国际单位）
		千克	占体重（%）								
妊娠前15周（非泌乳期）											
40	160	1.4	3.5	0.83	15.1	12.6	156	5.5	3.0	1 880	21
50	135	1.5	3.0	0.88	16.3	13.4	159	5.2	3.1	2 350	22
60	135	1.6	2.7	0.94	17.2	14.2	161	5.5	3.4	2 820	24
70	125	1.7	2.4	1.06	18.4	15.1	164	5.5	3.7	3 290	26
妊娠最后4周（预期产羔率为100%～120%）											
40	180	1.5	3.8	0.94	17.2	14.2	187	6.4	3.1	3 400	22
50	160	1.6	3.2	1.06	18.4	15.1	189	6.5	3.4	4 250	24
60	160	1.7	2.8	1.07	19.7	16.3	192	6.6	3.8	5 100	26
70	150	1.8	2.6	1.14	20.9	17.2	194	6.8	4.2	5 950	27
妊娠最后4周（预期产羔率为130%～175%）											
40	225	1.5	3.8	0.99	18.4	15.1	202	7.4	3.5	3 400	22
50	225	1.6	3.2	1.06	19.7	15.9	204	7.8	3.7	4 250	24
60	225	1.7	2.8	1.12	20.5	16.7	207	8.1	4.3	5 100	26
70	215	1.8	2.6	1.14	20.9	17.2	210	8.2	4.7	5 950	27
泌乳期哺乳单羔的前6～8周（8周断奶）											
40	−50	1.7	4.2	1.12	20.5	16.7	257	6.0	4.3	3 400	26
50	−50	2.1	4.2	1.39	25.5	20.9	282	6.5	4.2	4 250	32
60	−50	2.3	3.8	1.52	28.0	23.0	295	6.8	5.1	5 100	34

肉羊标准化安全生产关键技术

体重（千克）	日增重（克）	干物质采食量 千克	干物质采食量 占体重（%）	可消化总养分（千克）	消化能（兆焦）	代谢能（兆焦）	粗蛋白质（克）	钙（克）	磷（克）	有效维生素A（国际单位）	有效维生素E（国际单位）
70	−50	2.5	3.6	1.65	30.5	25.1	301	7.1	5.6	5 450	38

泌乳期哺乳双羔的前6~8周(8周断奶)

体重（千克）	日增重（克）	干物质采食量 千克	干物质采食量 占体重（%）	可消化总养分（千克）	消化能（兆焦）	代谢能（兆焦）	粗蛋白质（克）	钙（克）	磷（克）	有效维生素A（国际单位）	有效维生素E（国际单位）
40	−100	2.1	5.2	1.45	26.8	21.8	306	8.4	5.6	4 060	32
50	−100	2.3	4.6	1.59	29.3	23.8	321	8.7	6.0	5 060	34
60	−100	2.5	4.2	1.72	31.8	25.9	336	9.0	6.4	6 060	38
70	−100	2.7	3.9	1.85	33.9	27.6	351	9.3	6.9	7 060	40

表4-4　育成羊的营养需要

体重（千克）	日增重（克）	干物质采食量 千克	干物质采食量 占体重（%）	可消化总养分（千克）	消化能（兆焦）	代谢能（兆焦）	粗蛋白质（克）	钙（克）	磷（克）	有效维生素A（国际单位）	有效维生素E（国际单位）
					育成母羊						
30	227	1.2	4.0	0.78	14.2	11.7	185	6.4	2.6	1 410	18
40	182	1.4	3.5	0.91	16.7	13.8	176	5.9	2.6	1 880	21
50	120	1.5	3.0	0.88	16.3	13.4	136	4.8	2.4	2 350	22
60	100	1.5	2.5	0.88	16.3	13.4	134	4.5	2.5	2 820	22
70	100	1.5	2.1	0.88	16.3	13.4	132	4.6	2.8	3 290	22
					育成公羊						
40	330	1.8	4.5	1.10	20.9	17.2	243	7.8	3.7	1 880	24
60	320	2.4	4.0	1.50	28.0	23.0	264	8.4	4.2	2 820	26
80	290	2.8	3.5	1.80	32.6	26.6	268	8.5	4.6	3 760	28
100	250	3.0	3.0	1.90	35.1	28.9	264	8.2	4.8	4 700	30

表4-5　羔羊的营养需要

体重（千克）	日增重（克）	干物质采食量 千克	干物质采食量 占体重（%）	可消化总养分（千克）	消化能（兆焦）	代谢能（兆焦）	粗蛋白质（克）	钙（克）	磷（克）	有效维生素A（国际单位）	有效维生素E（国际单位）
					肥育羔羊(4~7月龄)						
30	295	1.3	4.3	0.94	17.2	14.2	191	6.6	3.2	1 410	20
40	275	1.6	4.0	1.22	22.6	18.4	185	6.6	3.3	1 880	24

| 体重（千克） | 日增重（克） | 干物质采食量 | | 可消化总养分（千克） | 消化能（兆焦） | 代谢能（兆焦） | 粗蛋白质（克） | 钙（克） | 磷（克） | 有效维生素 A（国际单位） | 有效维生素 E（国际单位） |
		千克	占体重（%）								
50	205	1.6	3.2	1.23	22.6	18.4	160	5.6	3.0	2 350	24

早期断奶羔羊（中等生长潜力）

10	200	0.5	5.0	0.40	7.5	5.9	127	4.0	1.9	470	10
20	250	1.0	5.0	0.80	14.6	12.1	167	5.4	2.5	940	20
30	300	1.3	4.3	1.00	18.4	15.1	191	6.7	3.2	1 410	20
40	345	1.5	3.8	1.16	21.3	17.6	202	7.7	3.9	1 880	22
50	300	1.5	3.0	1.16	21.3	17.6	181	7.0	3.8	2 350	22

早期断奶羔羊（快速生长潜力）

10	250	0.6	6.0	0.48	8.8	7.1	157	4.9	2.2	470	12
20	300	1.2	6.0	0.92	16.7	13.8	205	6.5	2.9	940	24
30	325	1.4	4.7	1.10	20.1	16.7	216	7.2	3.4	1 410	21
40	400	1.5	3.8	1.14	20.9	17.2	234	8.6	4.3	1 880	22
50	425	1.7	3.4	1.29	23.8	19.7	240	9.4	4.8	2 350	25
60	350	1.7	2.8	1.29	23.8	19.7	240	8.2	4.5	2 820	25

第二节　肉羊常用饲料及其加工处理

一、肉羊常用饲料种类

肉羊饲料的种类很多，但任何一种饲料都存在营养上的特殊性和局限性，要饲养好肉羊必须进行多种饲料的科学搭配。要合理利用各种饲料，首先要了解饲料的科学分类，熟悉各类饲料的营养价值和利用特性。而分类方法各地也有所不同，为了便于养殖者的应用，将肉羊的饲料分为青绿多汁饲料、粗饲料、能量饲料、蛋白质饲料、矿物质饲料和饲料添加剂 6 大类。

（一）青绿多汁饲料

青绿多汁饲料包括天然水分含量在 45% 以上的新鲜野生杂草、栽培牧草、青刈饲料、草地牧草、树叶类、蔬菜、水生植物，未完全成熟的谷物植株和非淀粉质的块根、块茎、瓜果类等，统称为青饲料。块根、块茎、瓜果类为多汁饲料，其他为青绿饲料。青绿多汁饲料的共同特点是养分比较丰富，适口性好，易于消化,饲料利用率高,生产成本低和单位面积营养物质产量高。缺点是水分含量高、干物质含量少、体积大。

(二)粗饲料

干粗饲料是指天然水分含量在45%以下,干物质中粗纤维含量在18%以上的一类饲料,包括青干草、农作物的秸秆、荚壳、各种干草、干树叶及其他农副产品。其特点是体积大、重量轻,养分浓度低,但蛋白质含量差异大,总能含量高,消化能低,维生素D含量丰富,其他维生素较少,含磷较少,粗纤维含量高,较难消化。

在粮食主产区,利用先进技术将农作物秸秆及加工副产品加工处理后,适口性和营养价值提高,是重要粗饲料来源。通常,质地粗硬的秸秆或藤蔓可用揉草机揉软、切短后饲喂,或用粉碎机粉碎后拌精饲料制成微储料。玉米秸、谷草、稻草、麦秸、豆秸及荚壳饲喂时最好经粉碎后与其他精饲料混合制成颗粒料饲喂。

(三)能量饲料

能量饲料是指饲料干物质中粗纤维含量低于18%,粗蛋白质含量小于20%,消化能含量在10.5兆焦/千克以上的一类饲料,包括谷实类、糠麸类等。这类饲料的基本特点是体积小、可消化养分含量高,但养分组成较偏,如籽实类能量价值较高,但蛋白质含量不高。含粗脂肪7.5%左右,且主要为不饱和脂肪酸。含钙不足,一般低于0.1%。磷较多,可达0.3%~0.45%,但多为植酸盐,不易被消化吸收。另外,缺乏胡萝卜素,但B族维生素比较丰富。这类饲料适口性好,消化率高,在肉羊饲养中占有极其重要的地位。

(四)蛋白质饲料

蛋白质饲料是指干物质中粗纤维含量在18%以下,粗蛋白质含量在20%以上的一类饲料。它是肉羊日粮中蛋白质的主要来源,其在日粮中所占比例为10%~20%。包括植物性蛋白质饲料和单细胞蛋白质饲料。

(五)矿物质饲料

矿物质饲料包括食盐、石粉、贝壳粉、蛋壳粉、石膏、硫酸钙、磷酸氢钠、磷酸氢钙、骨粉、混合矿物质补充饲料等。加喂矿物质饲料是为了补充饲料中的钙、磷、钠和氯等的不足。这类饲料的补喂量一般占精饲料量的3%左右,食盐最好让羊自由舔食。

(六)饲料添加剂

饲料添加剂是指在配合饲料中加入的各种微量成分,其作用是完善饲料的营养成分、提高饲料的利用率,促进肉羊生长和预防疾病,减少饲料在储存期间的营养损失、改善产品品质。常用的有补充饲料营养成分的添加剂,如氨基酸、矿物质和维生素;促进饲料的利用和保健作用的添加剂,如生长促进剂、驱虫剂和助消化剂等;防止饲料品质降低的添加剂,如抗氧化剂、防霉剂、黏结剂和增味剂等。

二、饲料及其加工调制技术

肉羊的主要粗饲料包括青干草、稻草、谷草、玉米秸、豆秸、花生秧等。这些农副产品如果直接用来饲喂肉羊,其利用率很低,适口性极差。为了改善上述粗饲料品性,国内外普遍采用对粗饲料加工与调制,提高其饲用价值。

(一)青干草调制

1. 青干草收储与调制

包括牧草的适时刈割、干燥、储藏和加工等几个环节,其干燥方法不同,牧草营养成分有很大的差异。在生产中,常用的方法有自然干燥和人工干燥法。豆科牧草在初花期至盛花期刈割,禾本科牧草在抽穗期刈割。刈割青草应通过自然干燥或人工干燥使之在较短的时间内水分快速降至 17% 以下,营养物质得到较好保存。青干草切成 2~3 厘米后喂羊或打成草粉拌入配合饲料中饲喂。

(1)自然干燥 利用日晒、自然风干来调制干草。应根据不同地区的气候特点,采用不同的方法。

1)田间干燥法 适合中国北方夏、秋季雨水较少的地区。牧草刈割后,原地平铺或堆成小堆进行晾晒,根据当地气候和青草含水状况,每隔数小时,适当翻动,加速水分蒸发。当水分降至 50% 以下时,再将牧草集成高 0.5~1 米的小堆,任其自然风干,晴好天气可以倒堆翻晒。晒制过程中要尽可能避免雨水淋湿,否则会降低干草的品质。

2)架上晒草法 在南方地区或夏、秋雨水较多时,宜用草架晒草。草架的搭建可因地制宜,因陋就简。如用木椽或铁丝搭制成独木架、棚架、锥形架、长形架等。刈割后的青草,自上而下放置在干草架上,厚 70~80 厘米,离地 20~30 厘米,保持蓬松并有一定的斜度,以利采光和排水,并保持四周通风良好,草架上端应有防雨设施(如简易的棚顶等)。风干时间 1~3 周。

(2)人工干燥 利用加热、通风的方法调制干草。其优点是干燥时间短,养分损失小,可调制出优质的青干草,也可进行大规模工厂化生产,但其设备投资和能耗较高,国外应用较多,而中国较少应用。主要有以下 3 种方法:

1)常温通风干燥法 在修建的草库内,利用高速风力来干燥牧草。设备简单,可采用一般风机或加热风机,草库的大小可根据干草生产量的大小来设计。

2)低温烘干法 用浅箱式或传送带式干燥机烘干牧草,适合于小型农场。干燥温度为50~150℃,时间为几分至数小时。

3)高温快速干燥法 目前国外采用较多的是转鼓气流式干燥机。将牧草切碎(2~3厘米)后经传送机进入烘干滚筒,经短时(数分甚至数秒)烘烤,使水分降至10%~12%,再由传输系统送至储藏室内。这种方法对牧草养分的保护率可达90%~95%,但设备昂贵,只适于工厂化草粉生产。

2. 干草品质的评定

优质干草色泽青绿、气味芳香,植株完整且含叶量高,泥沙少,无杂质、霉烂和变质,水分含量在15%以下。青干草按五级进行质量评定。一级:枝叶鲜绿或深绿色,叶及花序损失小于5%,含水量15%~17%,有浓郁的干草香味;二级:枝叶绿色,叶及花序损失小于10%,含水量15%~17%,有香味;三级:叶色发黄,叶及花序损失小于15%,含水量15%~17%,有干草香味;四级:茎叶发黄或发白,叶及花序损失大于15%,含水量15%~17%,香味较淡;五级:发霉、有臭味,不能饲喂。

(二)秸秆加工调制

肉羊瘤胃微生物可以消化利用秸秆中的粗纤维,但当秸秆木质化后,粗纤维被木质素包裹,不易被消化利用。因此,为了提高肉羊对农副产品的消化利用率,在不影响农作物产量和质量的前提下,尽量提早收获,并快速调制,减少木质化程度。

秸秆经适当的加工调制,可改变原来的体积和理化性质,营养价值和适口性有所提高,是肉羊冬季补饲的主要饲料,主要加工方法有物理方法、化学方法和生物学方法。

1. 物理调制法

物理调制即对秸秆进行切碎、碾青、制粒以及热喷等处理。这种方法一般不能改善秸秆的消化利用率,但可以改善适口性,减少浪费。秸秆粉碎后与精饲料混合使用,可扩大饲料来源。除此以外,有人试图采用蒸煮或辐射处理来改善秸秆的营养价值,也取得某些进展,但还未进入使用阶段。

(1)切碎 切碎的目的是为了便于肉羊采食和咀嚼,并易于与精饲料拌匀,防止羊挑食,从而减少饲料的浪费,也便于与其他饲料进行合理搭配,提高其适口性,增加采食量和利用率,同时又是其他处理方法不可缺少的首道工序。近年来,随着饲料工业的发展,世界上许多国家将切碎的粗饲料与其他饲料混合压制成颗粒状,这种饲料利于储存、运输,适口性好,营养全面。

在粗饲料进行切碎处理中,切碎的长度一般以0.8~1.2厘米为宜。添加在精饲料中的粗饲料其长度宜短不宜长,以免羊只吃精饲料而剩下粗饲料,降低粗饲料利用率。

(2)碾青　将秸秆铺在晒场上,厚度30~40厘米,再在其上铺约30厘米厚的青饲料,最后再在青饲料上面铺约30厘米厚的秸秆,用石碾或镇压器碾压,把青饲料压扁,流出的汁液被上下两层秸秆吸收。这样既缩短青饲料干燥的时间,减少养分的损失,又提高了秸秆的营养价值和利用率。

(3)制粒　一种做法是将秸秆、秕壳和干草等粉碎后,根据羊的营养需要,配合适当的精饲料、糖蜜(糊精和甜菜渣)、维生素和矿物质添加剂混合均匀,用颗粒饲料机(图4-2)生产出不同大小和形状的颗粒饲料(图4-3)。秸秆和秕壳在颗粒饲料中的适宜含量为30%~50%。这种饲料营养平衡,粉尘减少,颗粒大小适宜,便于咀嚼,改善适口性。在国外,有的用单纯的粗饲料或优质干草经粉碎制成颗粒饲料,可减少粗饲料的体积,便于储藏和运输。另一种做法是秸秆添加尿素:将秸秆粉碎后,加入尿素(占全部日粮总氮量的30%)、糖蜜(1份尿素加5~10份糖蜜)、精饲料、维生素和矿物质,压制成颗粒、饼状或块状。这种饲料,粗蛋白质含量较高,适口性好,有助于延缓氨在瘤胃中的释放速度,防止中毒,可降低饲料成本、节约蛋白质饲料。

图4-2　颗粒饲料机

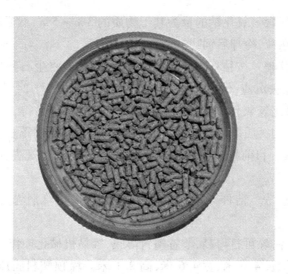

图4-3　颗粒饲料

（4）热喷　热喷是将初步破碎或不经破碎的秸秆、秕谷等粗饲料装入热喷机中,通入热饱和蒸汽,经过一定时间的高压热处理后,突然降低气压,使经过处理的粗饲料膨胀,形成爆米花状,其色香味发生变化。经该处理,可提高羊对粗饲料的采食量和有机物质的消化率。

2. 化学调制法

化学调制是利用化学试剂对粗饲料进行处理,使其内部化学结构发生改变,使之更易被瘤胃微生物所消化。粗饲料化学方法处理国内外已积累很多经验,其中如碱化处理中氢氧化钠处理法、氨处理法,酸处理中甲酸和甲醛处理法以及酸碱混合处理法、生物酶法等。

（1）碱化法　利用强碱液处理秸秆,破坏植物细胞壁及纤维素构架,释放出与之关联的营养物质。这种方法能较大幅度地提高秸秆的消化率,但处理成本高,对环境污染严重。

1）氢氧化钠处理　传统的方法也称湿法处理,具体方法是用8倍于秸秆重量的1.5%的氢氧化钠溶液浸泡秸秆12小时,然后用水冲洗至中性。该法处理的秸秆羊喜食,有机物质消化率提高24%。明显的缺点是费力费时,需水量大,且营养物质随水洗流失较多,还会造成环境污染。为克服湿法的这些缺点,目前已对该法进行了改进,主要包括半干处理和干处理。半干处理是秸秆经氢氧化钠溶液浸泡后不用水洗,而是通过压榨机将秸秆压成半干状态,然后烘干饲喂。干处理是将秸秆切短,通过螺旋混合器加入30%的氢氧化钠溶液,混匀,使秸秆含氢氧化钠的量为其干物质的3%~5%,然后将这种秸秆送入颗粒机压成颗粒,冷却后饲喂。

2)石灰液处理 按秸秆与生石灰100∶1备料,先将生石灰按1千克加水20千克溶解,除去沉渣,然后用该石灰液浸泡切短的秸秆24小时,捞取稍干饲喂,该法效果比氢氧化钠差,且秸秆易发霉。但原料易得,成本低,方法简便,能提高秸秆的钙质。也可再加入1%的氨,防止秸秆发霉。

(2)氨化法 目前推广的粗饲料氨化法中主要有液氨法、尿素或碳酸氢铵处理法等。

1)液氨处理法 秸秆等粗饲料用液氨处理,采用草捆垛、土窖或水泥池来处理。

草捆垛整齐,垛可打得高,节省塑料薄膜,容易机械化操作,适合大规模饲养。标准草捆垛长4.6米,宽4.6米,高2.1米。垛顶塑料膜压以实物,以防风刮,用绳把垛四周塑料膜纵横捆住,垛底塑料膜覆土盖紧,以防漏气,秸秆等粗饲料含水量调整为20%,水要均匀撒在每个草捆上。为便于插入注氨钢管,可提前在垛中留一空隙,如放一木杠等,通氨时取出木杠,插入钢管,其通氨量为氨化饲料重量的3%为宜。

秸秆等粗饲料用窖氨化处理可以节省塑料膜,比较容易堆积,防鼠咬,占地少,具体方法是窖底部与四周铺好塑料膜,将秸秆等一层一层放入,边放边洒水搅拌边踩实,一直到窖顶,窖顶覆盖塑料膜与窖边塑料膜对折用土压实,通氨。通氨完毕,取出氨管,封口。最后用土盖在窖顶。通氨量用水量同上。

2)尿素或碳酸氢铵处理法 尿素或碳酸氢铵也可用来氨化秸秆等粗饲料,其来源广泛,利用方便,操作方便,更适合在农村普及。

尿素或碳酸氢铵处理秸秆等粗饲料具体方法是将尿素或碳酸氢铵溶于水中,拌匀,喷洒于切短的秸秆上,喷洒搅拌,一层一层压实,直到窖顶,把塑料薄膜密封。一般尿素用量每100千克秸秆(干物质)为3~5.5千克,碳酸氢铵为6~12千克,用水量为60千克。

除了用窖氨化外,还可用塑料袋及氨化炉来氨化秸秆粗饲料,原理同上。总之,氨化好的秸秆色泽黄褐,有刺鼻气味,不发霉变质,饲喂前晾晒,放味,以利肉羊采食。经氨化处理的秸秆或其他粗饲料,能增加含氮量0.8%~1%,使粗蛋白质含量增加5%~6%,并能增加羊的采食量。麦秸、稻草、玉米秸经氨化处理后可使消化率提高30%左右。

(3)生物酶法 该处理是利用自然界存在着的、能分解植物纤维素的微生物分泌的酶,来提高粗饲料的利用率的一种方法。通过筛选纤维素分解酶活性强的菌株进行发酵培养,分离出纤维素酶或将发酵产物连同培养基制成含酶添加剂,用来处理秸秆或加入日粮中饲喂,能有效地提高秸秆的利用率。据报道,日本先用氢氧化钠,再用高活性的木霉纤维素酶可将几乎全部的纤维素转化为纤维二糖与葡萄糖,分解率达80%。

3. 生物学调制法

生物学方法是利用微生物在一定温度、湿度、酸碱度、营养物质条件下,分解粗饲料中半纤维素、纤维素等成分,来合成菌体蛋白、维生素和多种转化酶等,将饲料中难以消化吸收的物质转化为易消化吸收的营养物质的过程。

秸秆微贮技术是一种现代生物技术。是通过一种秸秆发酵活杆菌完成的。秸秆等粗饲料微贮就是在农作物秸秆中,加入微生物高效活性菌种—秸秆发酵活杆菌,放入密封容器(如水泥窖、土窖、塑料袋)中储藏,经一定的发酵过程使农作物秸秆变成具有酸、香味的饲料。

微贮成本低、效益高,适口性好。每吨微贮饲料只需 3 克秸秆发酵活杆菌。秸秆微贮粗纤维的消化率可提高20% ~ 40%,肉羊对其采食显著提高,在添到肉羊日采食量40%时,肉羊日增重达250 克左右水平。

(1)秸秆微贮方法 水泥窖微贮法与传统青贮窖相似,将作物秸秆切碎,按比例喷洒菌液后装入池内,分层压实、封口。这种方法优点:池内不易进气进水,密封性好,经久耐用。

土窖微贮法宜选地势高、土质硬、向阳干燥、排水容易、地下水位低、离羊舍近,取用方便的地方。根据储量挖一长方形窖(深 2 ~ 3 米为宜),在窖底部和周围铺层塑料布(膜)将秸秆切碎后放入池内,分层喷洒菌液后压实,上面盖上塑料膜后覆土密封。这种方法储量大、成本低、方法简单。

塑料袋窖内微贮法首先按土窖贮法选好地点,挖圆形窖将制作好的塑料袋放入窖内,分层喷洒菌液。压实后将塑料袋口扎紧覆土压实,适于小量储藏。

微贮步骤:①菌种复活:秸秆发酵活杆菌每袋 3 克,可处理稻草、麦秸、玉米秸秆 1 000 千克或青饲料 2 000 千克。在处理秸秆前先将菌种倒入 200 毫升清洁、没有漂白粉的水中,充分溶解。最好先在水中加入白糖20 克,这样可以提高菌种复活率。然后在常温下静置 1 ~ 2 小时使菌种复活。复活好的菌种一定要当天用完,不可隔夜。②菌液的配制:将复活好的菌种倒入充分溶解的1%食盐溶液中拌匀,用量见表 4 - 6。③秸秆切短:将微贮秸秆切短成 3 ~

5 厘米，便于压实，排除空气，并提高微贮窖池的利用率。④装填压实：在水泥窖或土窖的四周，衬塑料膜，在窖池底部铺放 20～30 厘米厚的秸秆，均匀喷洒菌液水，压实后再铺 20～30 厘米，再喷洒菌液水，再压实，直到高出窖池口 40～50 厘米再封口。装填中随时检查贮料含水量是否均匀合适，层与层之间不要出现夹层。检查方法是取秸秆用力握攥，指缝间有水但不滴下，水分为 60%～70% 最为理想。⑤密封：充分压实后，在最上面一层均匀撒上食盐，每平方米 250 克，再压实后盖上塑料薄膜，在上面撒 20～30 厘米厚的稻麦秸，盖土 15～20 厘米密封。如果当天装不完，可盖上塑料膜第二天再装。⑥利用：微贮发酵温度适应范围广，室外气温 10～40℃ 均可。在封窖池后 20～30 天即可完成发酵过程。优质微贮稻麦秸呈金黄色，青玉米呈橄榄绿色。具有醇香、果香气味。若有腐臭、发霉味则不能饲喂。取料时要从一角开始，从上至下逐渐取用。每次用量应在当天喂完为宜。取料后一定要将窖口封严，以免水进入引起变质。

表 4-6　秸秆微贮食盐水和菌液量

种类	重量 （千克）	活干菌用量 （克）	食盐用量 （千克）	水用量 （升）	微贮料含水量 （%）
稻、麦秸秆	1 000	3.0	12	1 200	60～65
黄玉米秸秆	1 000	3.0	8	800	60～65
青玉米秸秆	1 000	1.5	—	适量	60～65

（2）注意事项　①用窖微贮，微贮饲料应高于窖口 40 厘米，盖上塑料薄膜，上盖约 40 厘米稻、麦秸秆后覆土 15～20 厘米，封闭。②用塑料袋微贮，塑料袋厚度须达到 0.6～0.8 毫米，无破损，厚薄均匀，严禁使用装过有毒物品的塑料袋及聚氯乙烯塑料袋，每袋以装 20～40 千克微贮料为宜。开袋取料后须立即扎紧袋口，以防变质。③微贮饲料喂养肉羊需有一渐进过程，喂量逐渐增加。一般每只羊每天 1.5～2.5 千克为宜。

（三）饲料青贮

饲料青贮是以新鲜的全株玉米、青绿饲料、牧草、野草及收获后的玉米秸和各种藤蔓等为原料，切碎后装入青贮窖或青贮塔内，在密闭条件下利用青贮原料表面上附着的乳酸菌的发酵作用，或者在外来添加剂的作用下促进或抑制微生物发酵，使青贮料 pH 下降，而使饲料得以保存。

1. 青贮设施的要求

（1）不透空气　这是调制优良青贮饲料的首要条件。无论用哪种材料建造青贮设施，必须做到严密不透气。可用石灰、水泥等防水材料填充和抹青贮窖、壕壁的缝隙，如能在壁内衬一层塑料薄膜更好。

（2）不透水　青贮设施不要靠近水塘、粪池，以免污水渗入。地下或半地下式青贮设施的底面，必须高出地下水位约0.5米，在青贮设施的周围挖好排水沟，以防地面水流入。如有水浸入会使青贮饲料腐败。

（3）墙壁要平直　青贮设施的墙壁要平滑垂直，墙角要圆滑，这会有利于青贮饲料的下沉和压实。下宽上窄或上宽下窄都会阻碍青贮饲料的下沉，或形成缝隙，造成青贮饲料霉变。

（4）要有一定的深度　青贮设施的宽度或直径一般应小于深度，宽：深为1:1.5或1:2，以利于青贮饲料借助本身重力而压得紧实，减少空气，保证青贮饲料质量。

（5）能防冻　地上式的青贮塔，必须能很好地防止青贮饲料冻结。

2. 青贮设施的大小和容量

青贮窖的容量大小与青贮原料的种类、水分含量、切碎压实程度以及青贮设施种类等有关。各种青贮饲料在密封后，均有不同程度的下沉。所以同样体积，装填时的重量一定较利用时的为低。青贮壕一般可装填青贮饲料400～500千克/米^3，青贮塔为650～750千克/米^3。青贮池青贮见图4-4，塑料袋装青贮见图4-5。

图4-4　饲料青贮池青贮

图 4 - 5　饲料塑料袋装青贮

3. 青贮的方法步骤

第一步,严格按照基本条件的要求选择原料,做到适时刈割,过早会使水分过多,不宜储存,过晚会使营养价值降低。禾本科植物应在抽穗期收割,豆科应在开花期收割。

第二步,青贮前应将容器彻底清扫,并用硫黄或福尔马林、高锰酸钾熏蒸消毒。

第三步,由铡草机等将青贮原料铡成 2~3 厘米长的短节。

第四步,装填并随时借助机器或人力一层一层充分压实。

第五步,压实后经一昼夜的自然沉降,再加压一次。窖的顶部覆盖 5~10 厘米的秸秆并压实,覆盖一层塑料薄膜,膜上再填 5~10 厘米厚的土层,压实,并用草泥封顶。袋青贮在压实后用热压封口或用绳子束紧。

第六步,为防止雨水的渗入,可将窖顶做成弧形,四周应设排水沟。

第七步,平时多注意检查,发现问题及时处理。

第八步,青贮开启使用时应注意防止二次发酵,降低青贮品质。故每次使用青贮饲料后都应妥善再密封好;每个容器中的青贮饲料,开启后应尽快用完。

也可用聚乙烯袋调制半干青贮饲料。将含水量 50% 的禾本科草,不用切短,装入聚乙烯袋中,用压缩机压缩成捆。放置 1 周后袋内可造成厌氧环境。这种方法制成的半干青贮饲料,保存 1 年色泽不变,并散发出酸香味。

4. 防止青贮二次发酵

二次发酵又叫好气性腐败,指发酵完成的青贮饲料,在温暖季节开启后,空气进入,好气性微生物重新大量繁殖,青贮饲料的营养物质也因此大量损失,并产生大量的热,出现好气性腐败。

二次发酵多发生在冬初和春夏。二次发酵的青贮饲料 pH 在 4.0 以上,含水量在 64% ~75%。

防止二次发酵的方法:

第一,适时刈割。以玉米为例,应选用霜前黄熟的早熟品种玉米,其含水量不超过 70%。如果在造霜后收割青贮,乳酸发酵受到抑制,结果青贮饲料的 pH 升高,总酸量减少,开封后已发生二次发酵,所以应在黄熟期收获。

第二,装填密度。原料的装填密度要大,青贮原料应切短。

第三,完全密封。

第四,青贮饲料应重物压紧并填平。

第五,可用甲酸、丙酸、丁酸等喷洒在青贮饲料上,也可喷洒甲醛、氨水等。

第六,仔细计算日需要量,合理安排日取量的比例。

第七,减少青贮容器的体积,每一单位储量以在 1~3 天喂完为佳。为此可将窖分成若干小区,各区间密闭不相同,每小区的储存量仅供 1~2 天采食。也可用缸等小容器来缩小单位的储量。

5. 青贮品质的鉴定

现场评定青贮品质主要从气味、颜色、酸碱度等 3 方面进行。

(1)取样 于青贮窖表层 25~30 厘米处,一般以四角和中央各一点,五点共取青贮饲料约半烧杯。

(2)气味 立即鉴别样品的气味。良好的青贮饲料应具有酒味或酸香味。如果出现醋酸味,表示品质较差。劣质的青贮饲料有腐烂的粪臭味。

(3)颜色 优质的青贮饲料呈绿色。如果出现黄绿色或褐色,表示质量较差。劣质青贮饲料呈暗绿色或黑色。

(4)酸碱度 可用广泛 pH 试纸测定其 pH 3.8~4.2 的为优质青贮饲料,4.2~4.6 的较次。pH 越高,质量越差。

第三节 肉羊饲养标准及饲料的配制与安全使用技术

肉羊的营养需要是制定饲养标准及日粮配合的科学依据,是保证肉羊正常生产和生命活动的基础。饲养标准则是总结大量饲养试验结果和动物实际生产的需要,对各种特定动物所需要的各种营养物质的定额所做的系统的规定。它是动物生产计划中组织饲料供给、设计饲料配方、生产平衡日粮及对动物实行标准化饲养的技术指南和科学依据。

一、肉羊饲养标准

肉羊饲养标准的核心是保证日粮中能量、粗蛋白质、粗纤维及钙、磷的平衡,使肉羊既能表现出应有的生产性能,又能经济有效地利用饲料。

一个完整的饲养标准应包括以下 4 个部分:①规定各种营养物质的日需要量或供应量。②日粮营养物质的含量水平。③常用饲料的营养价值表。④典型的日粮配方。

在具体应用过程中需注意以下几方面:①各国的饲养标准多是以本国饲养条件和生产水平为基础编制的,应灵活应用,切忌生搬硬套。②肉羊对营养物质的需要量不是固定不变的。随着品种的改良、日粮全价性的完善以及对饲料利用率的提高,其对营养物质的需要量也将逐步有所变化。③饲养标准是科学试验和生产实践相结合的产物,具有一定的代表性,但自然条件、管理水平等的差异决定了广大肉羊生产者应根据具体条件适当修改和检验肉羊的营养需要量。

二、日粮配合

标准的配合饲料又称全价配合饲料或全价料,是按照动物的营养需要标准(或饲养标准)和饲料营养成分价值表,由多种单个饲料原料(包括合成的氨基酸、维生素、矿物元素及非营养性添加剂)混合而成的,能够完全满足动物对各种营养物质的需要。

饲料配方方法很多,常用的有手算法和电脑运算法。随着近年来计算机技术的快速发展,人们已经开发出了功能越来越完全、速度越来越快的计算机专用配方软件,使用起来越来越简单,大大方便了广大养殖户。

1. 电脑运算法

运用电脑制定饲料配方,主要根据所用饲料的品种和营养成分、肉羊对各种营养物质的需要量及市场价格变动情况等条件,将有关数据输入计算机,并提出约束条件(如饲料配比、营养指标等),根据线性规划原理很快就可计算出能满足营养要求而价格较低的饲料配方,即最佳饲料配方。

电脑运算法配方的优点是速度快,计算准确,是饲料工业现代化的标志之一。但需要有一定的设备和专业技术人员。

2. 手算法

手算法包括试差法、对角线法和代数法等。其中以试差法较为实用。试差法是专业知识、算术运算和计算经验相结合的一种配方计算方法,可以同时计算多个营养指标,不受饲料原料种数限制。但要配平衡一个营养指标满足已确定的营养需要,一般要反复试算多次才可能达到目的。在对配方设计要求不太严格的条件下,此法仍是一种简便可行的计算方法。现以体重35千克,预期日增重200克的生长育肥绵羊饲料配方为例,举例说明如下:

第一步,查肉羊饲养标准(表4-7)。

表4-7 体重35千克,日增重200克的生长育肥羊饲养标准

干物质 (千克/只·天)	消化能 (兆焦/只·天)	粗蛋白质 (克/只·天)	钙 (克/只·天)	磷 (克/只·天)	食盐 (克/只·天)
1.05 ~ 1.75	16.89	187	4.0	3.3	9

第二步,查饲料成分表(表4-8)。根据羊场现有饲料条件,可利用饲料为玉米秸青贮、野干草、玉米、麸皮、棉籽饼、豆饼、磷酸氢钙、食盐。

表4-8 供选饲料养分含量

饲料名称	干物质 (%)	消化能 (兆焦/千克)	粗蛋白质 (%)	钙 (%)	磷 (%)
玉米秸青贮	26	2.47	2.1	0.18	0.03
野干草	90.6	7.99	8.9	0.54	0.09
玉米	88.4	15.40	8.6	0.04	0.21
麸皮	88.6	11.09	14.4	0.18	0.78
棉籽饼	92.2	13.72	33.8	0.31	0.64
豆饼	90.6	15.94	43.0	0.32	0.50
磷酸氢钙				32	16

第三步,确定粗饲料采食量。一般羊粗饲料干物质采食量为体重的2% ~ 3%,取中等用量2.5%,则35千克体重肉羊需粗饲料干物质为0.875千克。按玉米秸青贮和野干草各占50%计算,用量分别为0.875×50% ≈ 0.44千克。然后计算出粗饲料提供的养分含量(表4-9)。

表4-9　粗饲料提供的养分含量

饲料名称	干物质（千克）	消化能（兆焦）	粗蛋白质（克）	钙（克）	磷（克）
玉米秸青贮	0.44	4.17	35.5	3.04	0.51
野干草	0.44	3.88	43.25	2.62	0.44
合计	0.88	8.05	78.75	5.66	0.95
与标准差值	0.17~0.87	8.84	108.25	1.66	-2.35

第四步，试定各种精饲料用量并计算出养分含量（表4-10）。

表4-10　试定精饲料养分含量

饲料名称	用量（千克）	干物质（千克）	消化能（兆焦）	粗蛋白质（克）	钙（克）	磷（克）
玉米	0.36	0.32	5.544	30.96	0.14	0.76
麸皮	0.14	0.124	1.553	20.16	0.25	1.09
棉籽饼	0.08	0.07	1.098	27.04	0.25	0.51
豆饼	0.04	0.036	0.638	17.2	0.13	0.2
尿素	0.005	0.005		14.4		
食盐	0.009	0.009				
合计	0.634	0.56	8.832	109.76	0.77	2.56

由上表可见日粮中的消化能和粗蛋白已基本符合要求，如果消化能高（或低），应相应减（或增）能量饲料，粗蛋白也是如此，能量和蛋白符合要求后再看钙和磷的水平，两者都已超出标准，且钙、磷比为1.78:1，属正常范围（1.5~2）:1，不必补充相应的饲料。

第五步，定出饲料配方。此育肥羊日粮配方为：青贮玉米秸1.69（0.44/0.26）千克，野干草0.49（0.44/0.906）千克，玉米0.36千克，麸皮0.14千克，棉籽饼0.08千克，豆饼0.04千克，尿素5克，食盐9克，另加添加剂预混合饲料。

精饲料混合料配方（%）：玉米56.9%，麸皮22%，棉籽饼12.6%，豆饼6.3%，尿素0.8%，食盐1.4%，添加剂预混合饲料另加。

三、典型饲料配方举例

设计和采用科学而实用的饲料配方是合理利用当地饲料资源、提高养羊生产水平、保证羊群健康、获得较高经济效益的重要保证。现列出一些肉羊饲料配方仅供读者参考(表4-11至表4-13)。

表4-11 体重15~20千克,日增重200克羔羊育肥日粮推荐配方

饲料原料	采食量 (克/天)	全日粮配比 (%)	精料配比 (%)	营养水平	
花生蔓	430.0	38.3	—	DE(兆焦/千克)	10.70
野干草	320.0	29.1	—	CP(%)	12.36
玉米	226.7	18.9	58.0	NFC(%)	27.28
小麦麸	22.1	2.0	6.0	NDF(%)	48.52
棉粕	29.2	2.6	8.0	ADF(%)	34.18
豆粕	85.4	7.5	23.0	Ca(%)	0.62
食盐	4.9	0.49	1.5	P(%)	0.31
磷酸氢钙	1.6	0.16	0.5	Ca/P	2.01
石粉	2.6	0.26	0.8	RDP/RUP	1.61
碳酸氢钠	3.9	0.39	1.2		
预混料	3.3	0.33	1.0		
合计(千克)	1.13	100.0	100.0		

表4-12 体重20~25千克,日增重200克羔羊育肥日粮推荐配方

饲料原料	采食量 (克/天)	全日粮配比 (%)	精饲料配比 (%)	营养水平	
玉米秸青贮	2 000.0	38.9	—	DE(兆焦/千克)	10.9
花生蔓	500.0	34.5	—	CP(%)	11.3
玉米	241.1	15.4	58.0	NFC(%)	27.6
小麦麸	39.2	2.7	10.0	NDF(%)	50.6
棉粕	31.1	2.1	8.0	ADF(%)	35.2
豆粕	78.9	5.3	20.0	Ca(%)	0.66
食盐	5.2	0.4	1.5	P(%)	0.32
磷酸氢钙	3.5	0.3	1.0	Ca/P	2.09
石粉	1.7	0.1	0.5	RDP/RUP	1.66
碳酸氢钠	1.7	0.1	0.5		
预混料	1.7	0.1	0.5		
合计(千克)	2.90	100.0	100.0		

表4－13　羊精、粗饲料推荐饲喂量(单位:千克/只·天)

羔羊各阶段饲喂期	精饲料	青干草[1]	多汁饲料[2]
种公羊非配种期	0.3～0.8	2.2～2.5	0.5～1.0
种公羊配种期	1.0～1.5	2.0～2.51	1.0～1.5
繁殖母羊空怀及妊娠90天内	0.5～1.0	2.2～2.5	0.2～0.5
母羊妊娠90～150天	1.0～1.5	1.8～2.01	0.3～1.0
哺乳母羊	1.0～1.8	0.5～2.01	0.8～1.5
育成羊	0.3～0.8	1.2～2.0	0.5～1.0

注1:其中最好有30%的苜蓿干草。

注2:为了保证健康和食欲,最好以胡萝卜为主。

第五章 肉羊的饲养管理

肉羊生理阶段可分为羔羊、育成羊和成年羊 3 个阶段。肉羊的饲养管理可根据不同生理阶段和性别进行分类饲养管理。

第一节　羔羊的饲养管理

羔羊指从出生到断奶阶段(60 天左右)的羊。此阶段的饲养管理主要是保证羔羊及时吃好初奶和常奶。提早补料,10 日龄开始采食幼嫩的青干草;15～20 日龄,适量补饲精饲料,并在饲料中加入 0.5% 食盐和 1% 骨粉,以及铜、铁、钴等微量元素添加剂;防寒防湿、通风保暖;加强运动,增强羔羊体质。

一、羔羊的饲养

(一)初乳阶段(出生后 7 天内)

初乳期羔羊要尽量吃初乳,且多吃初乳。羊羔至少每日早、中、晚各吃一次奶。同时,要做好肺炎、肠胃炎、脐带炎和羔羊痢疾的预防工作。

(二)常奶阶段(1 周龄～断奶前)

安排好羔羊的吃奶时间,最好让羔羊能在早、中、晚各吃一次奶。10～14 日龄开始训练采食精饲料和干草。每只每日日粮供给量(以干物质为基础):1 月龄内,每日补饲精饲料 0.05～0.1 千克,干草 0.1 千克;1～2 月龄,每日补饲精饲料 0.15～0.2 千克,干草 0.3～0.5 千克,青贮饲料 0.2 千克;3 月龄,每日补饲精饲料 0.2～0.25 千克,干草 0.5～0.8 千克,青贮饲料 0.2～0.3 千克。一般应在 2～3 月龄断奶。

10 日龄的羔羊,要将幼嫩青干草捆成把吊在空中,让小羊自由采食。20 天开始训练吃料。在饲槽里放上用开水烫后的半湿混合精饲料,注意烫料的温度不可过高,应与奶温相同。

15 日龄的羔羊,每天补饲混合精饲料。开始阶段为 50～75 克,1～2 月龄时 100～200 克。2 月龄以后,日粮中可消化蛋白质以 16%～20% 为佳,可消化总养分以 74% 为宜。羔羊配合饲料配方见表 5－1。

表 5－1　羔羊配合饲料配方(单位:%)

配方	玉米	豆饼	麸皮	苜蓿粉	蜜糖	食盐	碳酸钙	无机盐
1	50	30	12	1	2	0.5	0.9	0.3
2	55	32	—	3	5	1	0.7	0.3
3	48	30	10	1.6	3	0.5	0.8	0.3

(三)羔羊的断奶

羔羊精饲料日补饲超过 200 克,60 日即可实施断奶。

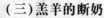

（四）羔羊的补饲注意事项

尽可能提早补饲；当羔羊习惯采食饲料后，所用的饲料要多样化、营养好、易消化；饲喂时要做到少喂勤添；要做到定时、定量、定点；保证饲槽和饮水的清洁、卫生。

二、羔羊的管理

（一）产后护理

具体如下：①去除黏液。②擦干羊体。③假死急救，将羔羊浸在40℃左右温水中，同时进行人工呼吸，按拍胸部两侧，或向鼻孔吹气，使其复苏。④断脐，用5%碘酊消毒。⑤初乳，羔羊出生后30分内吃上初乳。⑥称重。⑦编号。

（二）鉴定、断尾和去势

初生羔羊的鉴定是对羔羊的初步挑选。尽可能较早知道种公羊的后裔测验结果，确定其种用价值。经初步鉴定，可把羔羊分为优、良、中、劣四级。挑选出来的优秀个体，可用母子群的饲养管理方式加强培育。

（1）编号　羔羊生后3天内，打耳号或耳标。

（2）断尾　绵羊羔羊出生后10天内，在第3、第4尾椎处采取结扎法进行断尾。

（3）去势　非种用公羔，出生后1~2周采取结扎或手术法进行去势。

（三）搞好棚圈卫生

凡羊舍过于狭小、脏、乱、阴暗潮湿、闷热不堪、通气不良，都可引起羔羊病的大量发生。所以必须搞好棚圈卫生和对周围环境及用具的消毒。

（四）运动

羔羊初生到20天以前，可在运动场上或羊圈周围任其自由活动，20天以后可组成羔羊群外出运动。每天不超过4小时，距离不超过500米。2个月以后每天可运动6小时左右，往返距离不超过1 000米。要特别注意防止羔羊吃毛、吃土等。

（五）饮水

羔羊每天饮水2~3次，水槽内应经常有清洁的水，最好是井水，水温最宜不低于8℃。

（六）搞好防疫注射

初生羔羊抵抗力差，容易感染各种疾病，甚至造成死亡。因此要定期进行相关疫苗的注射。

第二节 育成羊的饲养管理

育成羊指断奶到第一次配种的羊。

一、饲养

保证有足够青干草、青贮饲料、多汁饲料的供应。每天要补给混合精饲料250~500克。对种用羊公、母分群，按种用标准饲养。6月龄体重达到品种标准要求，一般公羊应达到45~50千克，母羊35~40千克。母羊初配体重应达到成年体重的70%。

尽量勤添少喂，精饲料可分3~4次饲喂。

二、管理

(一)称重

在3月龄、6月龄和1周岁时进行称重。绵羊由初生到12月龄体重变化见表5-2。

表5-2 绵羊由初生到12月龄体重变化(单位:千克)

月龄	初生	1	2	3	4	5	6	7	8	9	10	11	12
公羊	4.0	12.8	23.0	29.4	34.7	37.6	40.1	43.1	47.0	51.5	56.3	59.6	60.9
母羊	3.9	11.7	19.5	25.2	28.7	31.4	34.4	36.8	39.8	42.6	46.0	49.8	52.6

(二)选留

将不符合种用的转入肥育舍进行育肥。

(三)饮水

自由饮水。

(四)运动

加强运动。

(五)做好圈舍卫生,按时防疫

第三节 繁殖母羊的饲养管理

繁殖母羊可分为空怀期、妊娠期和哺乳期3个阶段,其中妊娠期可分为前期(3个月)和后期(2个月),哺乳期也分为前期和后期(各为2个月)。重点是妊娠后期和哺乳前期,共约4个月。

一、空怀母羊

以恢复体况,膘情达到七成以上配种为宜。空怀期母羊配种前(10~15天),母羊日补精饲料 0.2 千克,还要补充适当的胡萝卜或维生素。

配种前要做好母羊的抓膘复壮。母羊除自由采食饲草外,每天每只母羊补饲混合精饲料 0.4 千克左右;每天活动 4 小时左右。精饲料参考配方:玉米 60%,麸皮 8%,棉籽饼 16%,豆饼 12%,食盐 1%,磷酸氢钙 3%。

二、妊娠母羊

应做好保胎工作,并使胎儿发育良好。不得饲喂发霉、变质、冰冻或其他异常饲料。不得空腹饮水和饮冰渣水。日常管理中不得惊吓、驱赶羊,特别是羊在出入圈门或补饲时,要防止相互挤压,避免流产。妊娠后期的母羊要给予补饲,不宜进行防疫注射。母羊怀孕后期 2 个月应在放牧的基础上,根据膘体等具体情况,合理补饲混合精饲料和优质青干草以及块根多汁饲料等。

在妊娠前 3 个月,营养需要与空怀期基本相同。在妊娠的后 2 个月,比空怀期蛋白质提高 15%~20%,钙、磷含量增加 40%~50%,并要有足量的维生素 A 和维生素 D。

妊娠后期,每天每只补饲混合精饲料 0.6~0.8 千克,并每天补饲骨粉 3~5 克。产前 10 天左右还应多喂一些多汁饲料。不能吃霉变饲料和冰冻饲料,以防流产。

三、哺乳母羊

产后 2~3 个月为哺乳期,应保证母羊全价饲养。哺乳母羊应保证母羊有充足的奶水供给羔羊。经常检查母羊乳房,如有乳房发炎、化脓等情况,要及时采取相应措施予以处理。应保持圈舍清洁干燥,及时清除胎衣、毛团、塑料袋(膜)等。

在母羊产后的 7 天内,以优质嫩草、干草做主要饲料,每天喂 3~4 次清洁饮水,并在饮水中加少量的食盐、麸皮,或喂给米汤、米潲水(让其自由饮用);产后 15~20 天,根据母羊乳汁量可适当增加补饲,一般每天可补饲精饲料 0.2~0.5 千克。在哺乳期除青干草自由采食外,每天补饲多汁饲料 1~2 千克,混合精饲料 0.6~1 千克。

四、繁殖母羊的管理

怀孕母羊应加强管理,要防拥挤,防跳沟,防惊群,防滑倒,日常活动要以"慢、稳"为主,不能吃霉变饲料和冰冻饲料,以防流产。

搞好栏舍维护,加强日常管理,搞好栏舍维护,要做到"一保、二用、三不、四勤"。"一保"是保证圈舍清洁卫生、干燥温暖;"二用"是用温水饮羊,用干草或干栏舍;"三不"是圈舍不进风、不漏雨、不潮湿;"四勤"是圈舍勤垫草、勤换草、勤打扫、勤除粪;同时,还要绝对避免踢打、惊吓,防止与其他羊或其他动物相斗或互相挤压。

产后 1～3 天内,母羊不能喂过多的精饲料,不能喂冷水、冰水。羔羊断奶前,应给母羊逐渐减少多汁饲料和精饲料喂量,防止发生乳房疾病。母羊舍要经常打扫、消毒,胎衣和毛团等污物要及时清除,以防羔羊吞食发病。一般羔羊到 2 月龄左右断乳。

第四节　肉羊标准化育肥方法

一、舍饲育肥

育肥羊在圈舍中,按饲养标准配制日粮,采用科学的饲养管理,是一种短期强度育肥方式。此法育肥期短、周转快、效果好、经济效益高,并且不分季节,可全年均衡供应羊肉产品。舍饲育肥主要用于组织肥羔生产,用以生产高档肥羔肉,也可根据生产季节,组织成年羊育肥。舍饲育肥期通常为 75～100 天。与相同月龄的放牧肥育羊相比,舍饲提高活重 10% 以上,胴体重高出 20%。

舍饲肥育的基本要求是:精饲料占日粮的 45%～60%,随着精饲料比例的增加,羊的肥育强度加大,在增大精饲料比例时应逐渐进行,以预防采食精饲料过多造成羊肠毒血症和因钙磷比例失调引起尿结石症。精饲料以颗粒料的饲喂效果较好,圈舍应保持干燥、通风、安静和卫生。

二、工厂化育肥生产

工厂化育肥生产是指在人为控制的环境条件下,进行规模化、集约化、工艺化的养羊生产模式,具有生产周期短、自动化程度高、受外界环境因素影响小的特点。在工厂化育肥生产中,3 月龄的肉羊体重可达周岁羊的 50%,6 月龄可达 75%。

1. 进度与强度

绵羊羔育肥时,一般细毛羔羊在 8～8.5 月龄结束,半细毛羔羊 7～7.5 月龄结束,肉用羔羊 6～6.5 月龄结束。若采用强度育肥,育肥期短,且可以获得高的增重效果;若采用放牧育肥,需延长育肥期,但生产成本较低。

2. 育肥准备

育肥前做好圈舍和饲草饲料的准备。舍饲、混合育肥均需要羊舍，羊舍要求冬暖夏凉、清洁卫生、平坦高燥，圈舍大小按每只羊占地面积 0.8~1.0 米²计算。在中国北方地区应推广使用塑料暖棚养羊技术。育肥羊的饲料种类应多样化，尽量选用营养价值高、适口性好、易消化的饲料，主要包括精饲料、粗饲料、多汁饲料、青绿饲料，还需准备一定量的微量元素添加剂、维生素、抗生素添加剂以及食盐、骨粉等，粉渣、酒糟、甜菜渣等加工副产品也可以适当选用。

3. 挑选育肥羊

根据市场销路和肥育条件，确定每次育肥羊的数量。育肥羊主要来源于自群繁殖和外地购入，收购来的肉羊当天不宜饲喂，只给予饮水和少量干草，让其安静休息。同期育肥羊根据瘦弱状况、性别、年龄、体重等分组，育肥前要进行驱虫、防疫。育肥开始后，观察羊的表现，及时挑出伤、病、弱羊，给予治疗并改善管理条件。

三、育肥技术

严格按饲养管理日程进行操作，育肥羊的日粮定额一般按每天 2~3 次定时定量供给，为防止羊抢食，且便于准确观察每只羊的采食情况，应训练羊在固定位置采食。羊舍内或运动场内应备有饮水设施，定时供给清洁饮水。舍饲育肥羊饲养管理日程表可参见表 5-3。

表 5-3 舍饲育肥羊饲养管理日程表（仅供参考）

时间	任务
7:30~9:00	清扫饲槽，第一次饲喂
9:00~12:00	将羊赶到运动场，打扫圈舍卫生
12:00~14:30	羊饮水，躺卧休息
14:30~16:00	第二次饲喂
16:00~18:00	将羊赶到运动场，清扫饲槽
18:00~20:00	第三次饲喂
20:00~22:00	躺卧休息，饮水
22:00 以后	饲槽中投放铡短的干草，供羊夜间采食

不同年龄羊的肥育应采取不同的措施，例如：

1. 羔羊早期育肥

从羔羊群中挑选体格较大、早熟性好的公羔作为育肥羊，以舍饲为主，育肥期一般为 50～60 天。羔羊不提前断奶，保留原有的母子对，不断水断料，提高隔栏补饲水平。羔羊要求及早开食，每天喂 2 次，饲料以谷物粒料为主，搭配适量豆饼，粗饲料用上等苜蓿干草，让羔羊自由采食。3 月龄后体重达到 25～27 千克的羔羊出栏上市，活重达不到此标准者继续饲养，通常在 4 月龄全部达到上市要求。这种方法目的是利用母羊的全年繁殖，安排秋季和初冬季节产羔，供应节日特需的羔羊肉。

2. 断奶后羔羊育肥

从中国羊肉生产的总体形势看，正常断奶羔羊肥育是最普遍的生产方式，也是向工厂化高效肉羊生产过渡的主要途径。

（1）肥育前的准备　羔羊在断奶时势必承受母子分离、转群的环境变化，饲料条件等多方面的断奶应激。为减弱断奶应激，在转群和运输时应先将羊群集中，暂停供水供草，空腹一夜，第二天清晨称重后运出。在整个的装卸车过程中应注意小心操作，避免损伤羔羊四肢。驱赶转群时，每天的驱赶路程不超过 15 千米。

转群进入肥育场的第 2～3 周是羔羊肥育的关键时期，死亡损失较大，加大在转群前的补饲可降低损失。进入肥育圈后应减少对羔羊的人为惊扰，保证羔羊充分的休息和饮水，必要时给羔羊提供营养补充剂。

转群后的羔羊一般都要进行驱虫，常用驱虫药为丙硫苯咪唑，同时进行羊四联、羊肠毒血症及羊痘疫苗的免疫。根据季节和气温情况适时剪毛，以利于羔羊生长。

转群后应按照羔羊体格大小合理分群，体格大的羔羊可适当优先给予精饲料型日粮，进行短期强度育肥，提早上市；体格较小的羔羊日粮中精饲料比例可适当降低。

（2）肥育技术要点　羔羊断奶后育肥是羊肉生产的主要方式，分为预饲期和正式育肥期两个阶段。

羔羊进入肥育期后，一般要有 15 天的预饲期以适应日粮的过渡。整个预饲期大致可分为 3 个阶段。第一阶段 1～3 天，只喂干草，让羔羊适应新的环境。第二阶段为 4～10 天，仍以干草为基础日粮，逐步添加配合日粮，此阶段日粮含蛋白质 13%，钙 0.78%，磷 0.24%，精饲料占 36%，粗饲料占 64%。第三阶段 10～14 天，从第 11 天起逐步用第三阶段日粮，第 15 天结束后，转入正式育肥期，日粮中含蛋白质 12.2%，钙 0.62%，磷 0.26%，精、粗饲料比为 1:1。

预饲期间，平均每只羔羊应保证占有 25～30 厘米长的饲槽，以防止采食时拥挤。以日喂 2 次为宜,每次投料量以羔羊 45 分内能吃完为准。料不够时要及时添加,饲料过剩应及时清扫料槽以防饲料霉变。在采食时,饲养员要勤观察羔羊的采食行为和习惯,发现问题应及时调整。如果要加大饲喂量或变更饲料配方,饲料过渡期应至少为 3 天,切忌变换过快。

对体重大或体况好的断奶羔羊进行强度育肥,选用精饲料型日粮,经 40 ~ 55 天出栏体重达到 48 ~ 50 千克。日粮配方为玉米粒 96%,蛋白质平衡剂 4%,矿物质自由采食。

对体重小或体况差的断奶羔羊进行适度育肥,日粮以青贮玉米为主,青贮玉米可占日粮的 67.5% ~ 87.5%,育肥期在 80 天以上,日粮的喂量逐日增加,10 ~ 14 天内达到正常饲喂量,日粮中石灰石粉不可缺少。

3. 成年羊育肥

按品种、活重和预期日增重等主要指标来确定肥育方式和日粮标准。

第五节 种公羊的饲养管理

种公羊的好坏对整个羊群的生产性能和品质高低起决定性作用。俗话说"母羊好,好一窝,公羊好,好一坡"。种公羊数量少,种用价值高,对后代的影响大,对提高羊群的生产力起重要作用,故在饲养上要求很高。对种公羊必须精心饲养管理,要求保持良好的种用体况,即四肢健壮,体质结实,膘情适中,精力充沛,性欲旺盛,精液品质良好。常年保持中上等膘情,健壮的体质、充沛的精力、旺盛的精液品质,可保证和提高种羊的利用率。

对种公羊饲料的要求是营养价值高,有足量的蛋白质、维生素和矿物质,且易消化,适口性好。理想的粗饲料有苜蓿干草、三叶草干草和青燕麦干草等;精饲料有玉米、大麦、豌豆、豆饼、麸皮等;多汁饲料有胡萝卜、甜菜、玉米青贮等。配种任务繁重的优秀公羊可补动物性饲料。饲喂种公羊的草料应力求多种多样,互相搭配,营养全价,容易消化,适口性好,含有丰富的蛋白质、维生素和无机盐。

一、非配种期的饲养

非配种期加强饲养,每日一般补给精饲料 0.4 ~ 0.5 千克,干草 2.0 ~ 3 千克,青贮饲料 2.0 千克,块茎饲料 0.5 千克,食盐 5 ~ 10 克,骨粉 5 克,每日喂 3 ~ 4 次,饮水 1 ~ 2 次。

二、配种期的饲养

饲料应力求多样化,互相搭配,以便营养价值完全,容易消化,适口性好。根据当地情况,有目的、有针对性地选用。

配种期饲养可分为预备配种期(配种前 1~1.5 个月)和配种期两个阶段。预备配种期开始补喂精饲料,喂量为配种期标准的 60%~70%,然后逐渐增加到配种期的饲养标准。要定期抽检精液品质。

配种时期,每天必须增补精饲料和蛋白质。1 毫升精液需可消化蛋白质 50 克。体重 80~90 千克的种公羊,大约每天需要 250 克以上的可消化粗蛋白质,并且随日采精次数的多少,而相应调整标准喂量及其他特需饲料(牛奶、鸡蛋等)。

日粮定额一般可按混合精饲料 1.2~1.4 千克、青干草 2 千克、胡萝卜等多汁饲料 0.5~1.5 千克(有放牧条件者后两种可全减或酌减)、鸡蛋 1~4 枚或牛奶 0.5~1.0 千克、食盐 15~20 克、骨粉 5~10 克的标准喂给。分 2~3 次给草料和饮水 3~4 次。每日放牧或运动时间约 6 小时。配好的精饲料要均匀地撒在食槽内,要经常观察种公羊食欲好坏,以便及时调整饲料,判别种公羊的健康状况。

燕麦是配种期的最好饲料。黍米可改善性腺活动,提高精液品质。谷类豆饼与麸皮混合喂饲,比单喂更能促进精子形成。

三、种公羊的管理

种公羊配种采精要适度,一般 1 只公羊可承担 30~50 只母羊的配种任务。种公羊配种前 1~1.5 个月开始采精,同时检查精液品质。开始 1 周采精 1 次,以后增加到 1 周 2 次,到配种时每天可采精 1~2 次,不要连续采精。对 1.5 岁的种公羊,1 天内采精不宜超过 2 次,2.5 岁种公羊每天可采精 3~4 次。采精次数多的,其间要有休息,公羊在采精前不宜吃得过饱。

1. 环境

种公羊舍环境安静,远离母羊舍,以减少发情母羊和公羊之间的相互干扰。种公羊舍应选择通风、向阳、干燥的地方,高温、潮湿会对精液品质产生不良影响。种公羊应单独饲养,每只公羊约需面积 2 米^2,以免相互爬胯和顶撞。专人饲养,以便熟悉其特性,建立条件反射和增进人畜感情。

2. 公羊的培育

小公羊要及时进行生殖器官检查,对小睾丸、短阴茎、包皮偏后、独睾、隐睾、附睾不明显、公羊母相、8 月龄无精或死精的公羊,要及时淘汰。坚持运动,每天 1~2 小时,经常刷拭,每天 1 次,定期修蹄,每季度 1 次。耐心调教,和蔼待羊,驯养为主,防止恶癖。10 月龄时可适量采精或交配。种公羊在采精初期,每周采精最好不要超过 2 次。1 岁可正式投入采精生产,每周采精 4 次左右。若饲养条件好且种公羊体质好,每周采精次数可适当增加。

第六节 肉羊的一般管理

一、编号

编号对于羊识别和选种选配是一项必不可少的基础性工作,常用的方法有带耳标法、剪耳法和墨刺法、烙角法。

1. 带耳标法

耳标有金属耳标和塑料耳标两种,形状有圆形和长条形,以圆形为好。耳标用以记载羊的个体号、品种符号及出生时间等。金属耳标是用钢字钉把羊的出生年月和个体号打在耳标上,上边第一个号数代表年份的最末一个字,第二、三个数代表月份,后面的数字代表个体号。如 910023,前面的 910 表示 1999 年 10 月出生,后面的 023 为个体号。塑料耳标使用也很方便,即把羊的出生年月和个体号写上。一般习惯将公羊编为单号,将母羊编为双号,每年从 1 号或 2 号编起,不要逐年累计。可用红、黄、蓝三种不同颜色代表羊的等级。

耳标一般带在左耳的耳根软骨部,避开血管,要在蚊蝇未起时安好耳标。

2. 剪耳法

没有耳标时常用此法。用耳号钳在羊耳朵上剪耳缺,代表一定的数字,作为个体号。其规定是:左耳做个位数,右耳做十位数,耳上缘一缺刻代表 3,下缘代表 1。这种方法简单易行,但有缺点,羊数量在 1 000 以上时无法表示,而且在羔羊时期剪的耳缺到成年时往往变形无法辨认。所以此法现在用得很少。

墨刺法和烙角法虽然简便经济,但都有不少的缺点,如墨刺法字迹模糊,无法辨认,而烙角法仅适用于有角羊。所以,现在这两种方法使用较少,或者只是用作辅助编号。

二、断尾

为了保持羊毛的清洁,防止发生寄生虫病,有利于母羊配种。羔羊生后 1 周左右即可断尾,身体瘦弱的,或天气过冷时,可适当延长。断尾最好在晴天的早上进行,不要在阴雨天或傍晚进行。

断尾的方法:①热断法,需要一个特制的断尾铲和两块 20 厘米见方的两面钉上铁皮的木板。一块木板的下方,凿一个半圆形的缺口,断尾时把尾巴正压在半圆形的缺口里。这块木板不但用来压住尾巴,而且断尾时可防止灼热的断尾铲烫伤羔羊的肛门和睾丸。另一块木板断尾时衬在板凳上面,以免把凳子烫坏。断尾时需两人配合,一人保定羔羊,一人在离尾根4厘米处(第三、第四尾椎之间),用带有半圆形缺口的木板把尾巴紧紧压住,把灼热的断尾铲放在尾巴上稍微用力往下压,即将尾巴断下。切的速度不宜过快,否则止不住血。断下尾巴后若仍出血,可用热铲烫一烫。然后用碘酊消毒。②结扎法,用橡皮筋在第三、第四尾椎之间紧紧扎住,断绝血液流通,下端的尾巴10天左右即可自行脱落。

三、去势

去势后,羊性情温驯,管理方便,节省饲料,肉的膻味小,凡不作种用的公羔或公羊一律去势。

公羔生后2~3周为宜,如遇天冷或体弱的羔羊,可适当延迟。过早过晚均不适宜。去势和断尾可同时或单独进行,最好在上午进行,以便全天观察和护理去势羊。

去势的方法有刀切法:用手术刀切开阴囊,摘除睾丸。手术时需两个人配合,一人保定羊,一人做手术。手术前,阴囊外部用碘酒消毒。之后手术者一手握住阴囊上方,以防睾丸回缩腹腔内,另一手在阴囊侧下方切开一小口,长度以能挤出睾丸为度。切开后把睾丸连同精索拉出,为防止出血过多最好用手撕断,不用刀割或剪刀剪。一侧的睾丸取出后,如法取出另一侧的睾丸。睾丸摘除后,阴囊内撒20万~30万国际单位的青霉素,然后对切口消毒。去势钳法:用特制的去势钳,在阴囊上部用力将精索夹断后,睾丸会逐渐萎缩。结扎法:将睾丸挤进阴囊里,用橡皮筋或细绳紧紧地结扎阴囊的上部,断绝睾丸的血液流通,经15天左右,阴囊及睾丸萎缩后会自动脱落。

四、剪毛

细毛羊、半细毛羊和杂种羊1年剪1次毛,粗毛羊1年剪2次毛。剪毛时间与当地气候和羊群膘度有关,最好在气候稳定和羊体力恢复之后进行,一般北方地区在每年5~6月进行。

剪毛应从低价值羊开始。同一品种羊,按羯羊、试情羊、幼龄羊、母羊和种公羊的顺序进行。不同品种羊,按粗毛羊、杂种羊、细毛羊或半细毛羊的顺序进行。患皮肤病和外寄生虫病的羊最后剪,以免传染。剪毛前12小时停止放牧、饮水和喂料,以免剪毛时粪便污染羊毛和发生伤亡事故。

剪毛有手工剪毛和机械剪毛两种。羊群较小时多用手工剪毛。剪毛要选择在无风的晴天,以免羊着凉感冒。剪毛时,先用绳子把羊的左侧前后肢捆住,使羊左侧卧地,剪毛人蹲在羊背后,从羊后肋向前肋直线开剪,然后按与此平行方向剪腹部及胸部的毛,再剪前后腿毛,最后剪头部毛,一直把羊的半身毛剪至背中线,再用同样的方法剪另一侧的毛。最后检查全身,剪去遗留下的羊毛。

剪毛过程中应注意:一是剪刀放平,紧贴羊的皮肤剪,留茬要低而齐,若毛茬过高,也不要重复剪取;二是保持毛被完整,不要让粪土、草屑等混入毛被,以利于羊毛分等级;三是剪毛动作要快,翻羊要轻,时间不宜拖得太久;四是尽量不要剪破皮肤,万一剪破要及时消毒、涂药或缝合。

五、药浴

剪毛后的 10～15 天内,应及时组织药浴,以防疥癣病的发生。如间隔时间过长,则毛长不易洗透。药浴使用的药剂有 0.05% 辛硫磷乳油、1% 敌百虫溶液、速灭菊酯(80～200 毫克/千克)、溴氢菊酯(50～80 毫克/千克),也可用石硫合剂,其配方是生石灰 7.5 千克,硫黄粉末 12.5 千克,用水拌成糊状,加水 300 千克,边煮边搅拌,煮至浓茶色为止,沉淀后取上清液加温水 1 000 千克即可。

药浴分池浴、淋浴和盆浴 3 种。池浴在专门建造的药浴池进行,最常见的药浴池为水泥沟形池,药液的深度以没及羊体为原则,羊出浴后在滴流台上停留 10～20 分。淋浴在特设的淋浴场进行,淋浴时把羊赶入,开动水泵喷淋,经 3 分淋透全身后关闭,将淋过的羊赶入滤液栏中,经 3～5 分后放出。盆浴在大盆或缸中进行,用人工方法把羊逐只洗浴。

药浴前 8 小时给羊停止喂料,药浴前 2～3 小时给羊饮足水,以防止羊喝药液。药浴应选择暖和无风天气进行,以防羊受凉感冒,浴液温度保持在 30℃左右。先浴健康羊,后浴病羊。药浴后 5～6 小时可转入正常饲养。第一次药浴后 8～10 天可再重复药浴 1 次。

六、修蹄

羊蹄壳生长较快,如不整修,易造成畸形,行走不便而影响采食。所以绵羊在剪毛后和进入冬牧前宜进行修蹄。

修蹄一般在雨后进行,这时蹄质软,易修剪。修蹄时让羊坐在地上,羊背部靠在修蹄人员的两腿间,从前蹄开始,用修蹄剪或快刀将过长的蹄尖剪掉,然后将蹄底的边缘修整得和蹄底一样平齐。蹄底修到可见淡红色的血管为止,不要修剪过度。整形后的羊蹄,蹄底平整,前蹄是方圆形。变形蹄需多次修剪,逐步校正。

为了避免羊发生蹄病,平时应注意休息场所的干燥和通风,勤打扫和勤垫圈,或撒草木灰于圈内和门口进行消毒。如发现蹄趾间、蹄底或蹄冠部皮肤红肿,跛行甚至分泌有臭味的黏液,应及时检查治疗。轻者可用 10% 硫酸铜溶液或 10% 甲醛溶液洗蹄 1~2 分,或用 2% 来苏儿液洗净蹄部并涂以碘酒。

七、驱虫

母羊驱虫应在产后 5 天驱 1 次,隔 15 天后再驱 1 次,年产 2 胎的驱虫 4 次。驱虫药物可用阿维菌素或伊维菌素、阿苯达唑,均按用量计算。羔羊在 1 月龄驱虫 1 次,隔 15 天再驱 1 次,用法用量按各药品说明计算。种公羊 1 年 2 次(春、秋),每次间隔 15 天,用量按各药品说明计算。

八、养殖档案

所有记录应准确、可靠、完整。引进、购入、配种、产羔、断奶、转群、增重、饲料消耗均应有完整记录。引进种羊要有种羊系谱档案和主要生产性能记录。饲料配方及各种添加剂使用要有记录。要有疫病防治记录和出场销售记录。上述有关资料应保留 3 年以上。

第六章　肉羊场防疫及常见病的防治

　　疫病除造成羊的直接死亡外,更重要的是由于患病后生产能力降低而导致饲养成本的隐性增加,另外还有一些人畜共患病直接威胁人体健康和生命安全,如羊炭疽病、羊布氏杆菌病、包虫病等。要想获得最大化的经济效益,把羊病危害降到最低,必须制订有效的疫病防控方案,坚持"预防为主,防重于治"的原则。随着养羊产业的发展壮大,羊病种类不断增多,其危害程度也在不断增加,因此做好疾病的防治是羊场经营和管理的重要工作。

第一节　肉羊场的防疫

预防为主是动物防疫工作一贯支持的方针,随着中国的畜禽生产方式的转变,规模化、现代化程度的提高,"预防为主"的方针越发显得重要。针对肉羊卫生防疫的需要,农业部制定了《无公害食品　肉羊饲养兽医防疫准则》和《无公害食品　肉羊饲养兽药使用准则》等相关的标准和规范。

一、肉羊卫生保健

肉羊卫生保健是肉羊健康高效养殖的保证。肉羊的卫生保健受养殖环境、肉羊自身状况(包括健康状况、年龄、性别、抗病力、遗传因素等)、外界致病因素及气候、环境等的影响。

(一)健康饲养

选养健康的良种公羊和母羊,自行繁殖,可以提高羊的品质和生产性能,增强对疾病的抵抗力,并可减少入场检疫的工作量,防止因引入新羊带来病原体。

肉羊舍饲后饲养密度提高,运动量减少,人工饲养管理程度提高,一些疾病会相对增多,如消化道疾病,呼吸道疾病,泌尿系统疾病,中毒病如霉菌毒素中毒等,眼结膜炎、口疮、关节炎、乳腺炎等相对多发。因此,科学管理,精心喂养,增强羊抗病能力是预防羊病发生的重要措施。饲料种类力求多样化并合理搭配与调制,使其营养丰富全面。同时要重视饲料和饮水卫生,不喂发霉变质、冰冻及被农药污染的草料,不饮污水,保持羊舍清洁、干燥,注意防寒保暖及防暑降温工作。

(二)检疫制度

羊从生产到出售,要经过出入场检疫、收购检疫、运输检疫和屠宰检疫。羊场或养羊专业户引进羊时,只能从非疫区购入,经当地兽医检疫部门检疫,并签发检疫合格证明书;运抵目的地后,再经本场或专业户所在地兽医验证、检疫并隔离观察1个月以上,确认为健康者,经驱虫、消毒,没有注射过疫苗的还要补注疫苗,方可混群饲养。羊场采用的饲料和用具,也要从安全地区购入,以防疫病传入。

(三)免疫接种

免疫接种是激发羊体产生特异性抵抗力,使其对某种传染病从易感转化为不易感的一种手段,有组织有计划地进行免疫接种,是预防和控制羊传染病的重要措施。

首先应注意疫苗是否针对本地的疫病类型,要注意同类疫苗间型的差异,疫苗稀释后一定要摇匀,并注意剂量的准确性,使用前要注意疫苗是否在有效期内,在运输和保存疫苗过程中要低温,按照说明书采用正确方法免疫,如喷雾、口服、肌内注射等,必须按照要求进行,并且不能遗漏,在使用弱毒活菌苗时,不能同时使用抗生素,只有完全按照要求操作,才能使疫苗接种安全有效。

(四)卫生消毒

羊舍、羊圈及用具应保持清洁、干燥,每天清除粪便及污物,堆积制成肥料。饲草保持清洁干燥,不发霉腐烂,饮水要清洁,清除羊舍周围的杂物、垃圾,填平死水坑,消灭鼠、蚊、蝇。

羊舍清扫后消毒,常用消毒药有 10% ~20% 的石灰乳和 10% 的漂白粉溶液。产房在产羔前消毒 1 次,产羔高峰时进行多次,产羔结束后再进行 1 次。在病羊舍、隔离舍的出入口处应放置浸有消毒液的麻袋片或草垫,消毒液可用 2% ~4% 氢氧化钠(对病毒性疾病)或 10% 克辽林溶液。

地面消毒可用含 2.5% 有效氯的漂白粉溶液、4% 福尔马林或 10% 氢氧化钠溶液。粪便消毒最实用的方法是生物热消毒法。污水消毒是将污水引入污水处理池,加入化学药品消毒。

(五)药物预防

以安全而价廉的药物加入饲料和饮水中进行的群体药物预防。常用的药物有磺胺类药物、抗生素和硝基呋喃类药。

(六)定期驱虫

羊驱虫往往是成群进行,在查明寄生虫种类基础上,根据羊的发育状况、体质、季节特点用药。羊群驱虫应先搞小群试验,用新驱虫剂或新驱虫法更应如此,然后再大群推行。

(七)预防中毒

野草是羊的良好天然饲料,但有些野草有毒,为了避免中毒,要调查有毒草的分布。要把饲料储存在干燥、通风的地方,饲喂前要仔细检查,如果饲料发霉变质应不用。有些饲料本身含有有毒物质,饲喂时必须加以调制。有些饲料如马铃薯若储藏不当,其中的有毒物质会大量增加,对羊有害。

农药和化肥要放在仓库内,专人保管,以免发生中毒。被污染的用具或容器应消毒处理后再用。其他有毒药品如灭鼠药等的运输、保管及使用也必须严格,以免羊接触发生中毒事故。喷洒过农药和施有化肥的农田排水,不应作饮用水;工厂附近排出的水或池塘内的死水,也不宜让羊饮用。

(八)疫病防治

对于传染病如羊痘、口蹄疫、羊肠毒血、羊快疫、羊炭疽、羔羊痢、破伤风、痒螨、疥螨等要注意其免疫程序及驱虫时间。对于普通病防治如肠炎、腹泻、乳腺炎、肺炎、口腔炎、腐蹄病等,在诊断确诊的基础上,对症治疗。选用敏感性药物,以提高治疗效果,并经常更换,以免发生抗药性。对特殊病例治疗病症消除后,应维持用药 2 ~ 3 天,以巩固药效。

及时诊断、合理治疗。及时正确的诊断对于早期发现病畜,及早控制传染源,采取有效防疫措施,防止传染病的扩大传播有重要的意义。治疗应在严格隔离条件下进行,同时应在加强护理、增强机体本身防御能力基础上采用对症和病因疗法相结合进行。

(九)加强对有关法规的学习

GB/T 16569—1996《畜禽产品消毒规范》规定了畜禽产品一般的消毒技术。GB 16548—2006《病害动物和病害动物产品生物安全处理规程》规定了畜禽病害肉尸及其产品的销毁、化制、高温处理和化学处理的技术规范。在肉羊养殖的过程中要加强对这些法规的学习、掌握和应用,保证养羊场健康发展。

(十)发生疫病羊场的防疫措施

第一,及时发现,快速诊断,立即上报疫情。确诊病羊,迅速隔离。如发现一类和二类传染病暴发或流行(如口蹄疫、痒病、蓝舌病、羊痘、炭疽等)应立即采取封锁等综合防疫措施。

第二,对易感羊群进行紧急免疫接种,及时注射相关疫苗和抗血清,并加强药物治疗、饲养管理及消毒管理。提高易感羊群抗病能力。对已发病的羊,在严格隔离的条件下,及时采取合理的治疗,争取早日康复,减少经济损失。

第三,对污染的圈、舍、运动场及病羊接触的物品和用具都要进行彻底的消毒和焚烧处理。对传染病的病死羊和淘汰羊严格按照传染病羊尸体的卫生消毒方法,进行焚烧后深埋。

二、肉羊场消毒

(一)消毒类型

疫源地消毒:是指对存在或曾经存在过传染病的场所进行的消毒。场所主要指被病原微生物感染的羊群及其生存的环境,如羊群、舍、用具等。一般可分为随时消毒和终末消毒两种。预防性消毒:对健康或隐性感染的羊群,在没有被发现有传染病或其他疾病时,对可能受到某种病原微生物感染羊群的场所环境、用具等进行的消毒,谓之预防性消毒。对养羊场附属部门如门卫室、兽医室等的消毒也属于此类型。

（二）消毒剂的选择

要选择对人和肉羊安全、无残留、不对设备造成破坏、不会在羊体内产生有害积累的消毒剂。肉羊场常用消毒药物见表6－1。

表6－1　肉羊场常用消毒药物表

名称		常用浓度	用途
酒精		75%	用于皮肤、手臂等消毒,主要用于工作人员
碘酊(或碘附)		5%	注射时羊体、皮肤的直接涂擦消毒
煤酚皂(来苏儿)		3%～5%	料槽、用具、洗手消毒
新洁尔灭		0.1%	器械用具的消毒
		0.5%～1%	手术的局部消毒
碱类消毒药	氢氧化钠(火碱)	1%～2%	发生疫病时场地、用具(金属用具除外)的消毒
	碳酸钠(纯碱)	4%	用于衣物、用具、羊舍、场所消毒
	石灰乳(1:1)	10%～20%	用于羊舍墙壁,地面消毒
	草木灰(农家烧柴草的白灰)	20%～30%	用于羊舍、料槽、用具消毒
强氧化剂	过氧乙酸	0.2%～0.5%	对栏舍、饲料槽、用具、车辆、食品车间地面及墙壁进行喷雾消毒
	高锰酸钾	0.1%	肠道疾病
		0.5%	皮肤、黏膜和创伤消毒
		4%	饲料槽及用具消毒
有机氯消毒剂	消特灵、菌素净及漂白粉等		栏舍、栏槽及车辆等的消毒
复合酚又名消毒灵、农乐等			主要用于栏舍、设备器械、场地的消毒,药效可维持5~7天
双链季铵酸盐类消毒药:百毒杀			药效持续时间为10天左右,适合于饲养场地、栏舍、用具、饮水器、车辆的消毒

(三)肉羊场消毒方法

1. 常用消毒方法

①喷雾消毒,即用规定浓度的次氯酸盐、有机碘化合物、过氧乙酸、新洁尔灭、煤酚等,进行羊舍消毒、带羊环境消毒、羊场道路和周围以及进入场区的车辆消毒。②浸液消毒,即用规定浓度的新洁尔灭、有机碘混合物或煤酚的水溶液洗手、洗工作服或对胶靴进行消毒。③熏蒸消毒,是指用甲醛等对饲喂用具和器械,在密闭的室内或容器内进行熏蒸。④喷洒消毒,是指在羊舍周围、入口、产房和羊床下面撒生石灰或氢氧化钠进行的消毒。⑤紫外线消毒,指在人员入口处设立消毒室,在天花板上离地面2.5米左右安装紫外线灯,通常6～15米^{3}用1支15瓦紫外线灯。用紫外线灯对污染物表面消毒时,灯管距污染物表面不宜超过1.0米,时间30分左右,消毒有效区为灯管周围1.5～2.0米。

2. 肉羊场的消毒

(1)清扫与洗刷　为了避免尘土及微生物飞扬,先用水或消毒液喷洒,然后再清扫。主要清除粪便、垫料、剩余饲料、灰尘及墙壁和顶棚上的蜘蛛网、尘土等。

(2)肉羊舍消毒　消毒液的用量为1升/米^3(泥土地面、运动场为1.5升/米^{3}左右)。消毒顺序一般从离门远处开始,以墙壁、顶棚、地面的顺序喷洒一遍,再从内向外将地面重复喷洒1次,关闭门窗2～3小时,然后打开门窗通风换气,再用清水清洗饲槽、水槽及饲养用具等。

(3)饮水消毒　肉羊的饮水应符合畜禽饮用水水质标准,饮水槽的水应隔3～4小时更换1次,饮水槽和饮水器要定期消毒,为了杜绝疾病发生,有条件者可用含氯消毒剂进行饮水消毒。

(4)空气消毒　一般肉羊舍被污染的空气中微生物数量在每立方米10个以上,当清扫、更换垫草、出栏时更多。空气消毒最简单的方法是通风,其次是利用紫外线杀菌或甲醛气体熏蒸。

(5)消毒池的管理　在肉羊场大门口应设置消毒池,长度不小于汽车轮胎的周长,2米以上,宽度应与门的宽度相同,水深10～15厘米,内放2%～3%氢氧化钠溶液或5%来苏儿溶液和草酸。消毒液1周更换1次,北方在冬季可使用生石灰代替氢氧化钠。

(6)粪便消毒　通常有掩埋法、焚烧法及化学消毒法。掩埋法是将粪便与漂白粉或新鲜生石灰混合,然后深埋于地下 2 米左右处。对患有烈性传染病家畜的粪便进行焚烧,方法是挖一个深 75 厘米,长、宽 75~100 厘米的坑,在距坑底 40~50 厘米处加一层铁炉箅子,对湿粪可加一些干草,用汽油或酒精点燃。常用的粪便消毒方法是发酵消毒法。

(7)污水消毒　一般污水量小,可拌洒在粪中堆集发酵,必要时可用漂白粉按每立方米 8~10 克搅拌均匀消毒。

3. 人员及其他消毒

(1)人员消毒　①饲养管理人员应经常保持个人卫生,定期进行人畜共患病检疫,并进行免疫接种,如卡介苗、狂犬病疫苗等。如发现患有危害肉羊及人的传染病者,应及时调离,以防传染。②饲养人员进入肉羊舍时,应穿专用的工作服、胶靴等,并对其定期消毒。工作服采取煮沸消毒,胶靴用 3%~5% 来苏儿浸泡。工作人员在工作结束后,尤其在场内发生疫病时,工作完毕,必须经过消毒后方可离开现场。具体消毒方法是将穿戴的工作服、帽及器械物品浸泡于有效化学消毒液中。对于接触过烈性传染病的工作人员可采用有效抗生素预防治疗。平时的消毒可采用消毒药液喷洒法,不需浸泡。直接将消毒液喷洒于工作服、帽上;工作人员的手及皮肤裸露处以及器械物品,可用蘸有消毒液的纱布擦拭,而后再用水清洗。③饲养人员除工作需要外,一律不准在不同区域或栋舍之间相互走动,工具不得互相借用。任何人不准带饭,更不能将生肉及含肉制品的食物带入场内。场内职工和食堂均不得从市场购肉,所有进入生产区的人员,必须坚持在场区门前踏 3% 氢氧化钠溶液池、更衣室更衣、消毒液洗手,条件具备时,要先沐浴、更衣,再消毒才能进入羊舍内。④场区禁止参观,严格控制非生产人员进入生产区,若生产或业务必需,经兽医同意、场领导批准后更换工作服、鞋、帽,经消毒室消毒后方可进入。严禁外来车辆入内,若生产或业务必须,车身经过全面消毒后方可入内。在生产区使用的车辆、用具,一律不得外出,更不得私用。⑤生产区不准养猫、养狗,职工不得将宠物带入场内,不准在兽医诊疗室以外的地方解剖尸体。建立严格的兽医卫生防疫制度,肉羊场生产区和生活区分开,入口处设消毒池,设置专门的隔离室和兽医室,做好发病时隔离、检疫和治疗工作,控制疫病范围,做好病后的消毒净群等工作。当某种疫病在本地区或本场流行时,要及时采取相应的防制措施,并要按规定上报主管部门,采取隔离、封锁等措施。⑥长年定期灭鼠,及时消灭蚊蝇,以防疾病传播。对于死亡羊的检查,包括剖检等工作,必须在兽医诊疗室内进行,或在距离水源较远的地方检查。剖检后的尸体以及死亡的畜禽尸体应深埋或焚烧。本场外出的人员和车辆,必须经过全面消毒后方可回场。运送饲料的包装袋,回收后必须经过消毒,方可再利用,以防止污染饲料。

(2)饲料消毒 对粗饲料要通风干燥,经常翻晒和日光照射消毒,对青饲料要防止霉烂,最好当日割当日用。精饲料要防止发霉,应经常晾晒,必要时进行紫外线消毒。

(3)土壤消毒 消灭土壤中病原微生物时,主要利用生物学和物理学方法。疏松土壤可增强微生物间的拮抗作用,使其受到紫外线充分照射。必要时可用漂白粉或5%~10%漂白粉澄清液、4%甲醛溶液、1%硫酸苯酚合剂溶液、2%~4%氢氧化钠热溶液等进行土壤消毒。

(4)羊体表消毒 主要方法有药浴、涂擦、洗眼、点眼、阴道子宫冲洗等。

(5)医疗器械消毒 各种诊疗器械及用器在使用完毕后要及时消毒,尽量推广使用一次性医疗卫生器械,避免各种病原菌交叉传播感染。

(6)疫源地消毒 包括病羊的肉羊舍、隔离场地、排泄物、分泌物及被病原微生物污染和可能污染的一切场所、用具和物品等,可使用2%~3%氢氧化钠溶液消毒。地面可撒生石灰消毒。

三、肉羊免疫

当地畜牧兽医行政管理部门应根据《中华人民共和国动物防疫法》及其配套法规的要求,结合当地实际情况,制定疫病的免疫规划。肉羊饲养场根据免疫规划制定本场的免疫程序,并认真实施,注意选择适宜的疫苗和免疫方法。

(一)羔羊常用免疫程序

羔羊的免疫力主要从初乳中获得,在羔羊出生后1小时内,保证吃到初乳。对半月龄以内的羔羊,疫苗主要用于紧急免疫,一般暂不注射。羔羊常用疫苗和使用方法见表6-2。

肉羊标准化安全生产关键技术

表6-2　羔羊常用疫苗和使用方法

时间	疫苗名称	剂量（只）	方法	备注
出生24小时内	破伤风抗毒素	1毫升/只	肌内注射	破伤风
16～18日龄	羊传染性脓疱皮炎活疫苗	0.2毫升	下唇黏膜划痕或口黏膜内注射免疫	传染性脓疱炎
断奶后	三联四防疫苗	1毫升/只	肌内注射	羔羊痢疾（魏氏梭菌、黑疫）、猝疽、肠毒血症、快疫
3月龄以下	羔羊大肠杆菌病疫苗	1毫升/只	皮下注射	羔羊痢疾
3月龄以上		2毫升/只		

（二）妊娠母羊免疫程序

对怀孕后期的母羊应注意了解，如果怀胎已逾3个月，应暂时停止预防注射，以免造成流产。妊娠母羊免疫程序见表6-3。

表6-3　妊娠母羊免疫程序表

疫苗名称	疫病种类	时间	免疫剂量	注射部位	备注
羔羊痢疾氢氧化铝菌苗	羔羊痢疾	怀孕母羊分娩前20～30天和10～20天各注射1次	分别为每只2毫升和3毫升	两后腿内侧皮下	羔羊通过吃奶获得被动免疫，免疫期5个月
三联四防疫苗	羔羊痢疾、猝疽、肠毒血症、快疫	产前1.5个月	5头份	肌内注射	
口疮弱毒细胞冻干苗	羊口疮	产羔前或产羔后20天左右	0.2毫升	口腔黏膜内注射	母羊防过羔羊可不预防
羊流产衣原体油佐剂卵黄灭活苗	羊衣原体性流产	羊怀孕前或怀孕后1月内	3毫升	皮下注射	免疫期1年

（三）空怀和其他肉羊免疫程序

肉羊的免疫程序和免疫内容，不能照抄，照搬，而应根据各地的具体情况制定。肉羊接种疫苗时要详细阅读说明书，查看有效期，记录生产厂家和批号，并严防接种过程中通过针头传播疾病。

经常检查羊的营养状况,肉羊要适时进行重点补饲,防止营养物质缺乏。尤其对妊娠、哺乳母羊和育成羊更显重要。严禁饲喂霉变饲料、毒草和农药喷过不久的牧草。禁止羊饮用死水或污水,以减少病原微生物和寄生虫的侵袭,羊舍要保持干燥、清洁、通风。

根据本地区常发生传染病的种类及当前疫病流行情况,制定切实可行的免疫程序。按免疫程序进行预防接种,使羊从出生到淘汰都可获得特异性抵抗力,增强肉羊对疫病的抵抗力。空怀和其他肉羊免疫程序见表6-4。

表6-4 空怀和其他肉羊免疫程序表

疫苗名称	疫病种类	时间	免疫剂量	注射部位	备注
三联四防灭活苗	快疫、猝狙、肠毒血症、羔羊痢疾	每年于2月底3月初和9月下旬分2次接种	1头份	皮下或肌内注射	不论羊大小
羊痘弱毒疫苗	羊痘	每年3~4月接种	1头份	尾根内侧皮内注射	不论羊大小
羊布病活疫苗	布氏杆菌病	根据疫情或配种前1个月	1头份	口服	不论羊大小
羊口蹄疫苗	羊口蹄疫	每年3月和9月	1毫升	皮下注射	4月龄~2年
			2毫升		2年以上
口疮弱毒细胞冻干苗	羊口疮	每年3月和9月	0.2毫升	口腔黏膜内注射	不论羊大小
羊传染性胸膜肺炎氢氧化铝菌苗	羊传染性胸膜肺炎		3毫升	皮下或肌内注射	6月龄以下
			5毫升		6月龄以上
羊链球菌氢氧化铝菌苗	羊链球菌病	每年3月和9月	3毫升	羊背部皮下	6月龄以下
			5毫升		6月龄以上
Ⅱ号炭疽芽孢苗	炭疽	春季免疫1次	0.2毫升	羊肋内侧或尾部、腹下皮内注射	免疫期1年
伪狂犬病灭活苗	伪狂犬病	春、秋2次	成年羊5毫升,羔羊3毫升		免疫期为半年

注:①本免疫程序供生产中参考。②每种疫苗的具体使用情况以生产厂家提供的(说明书)为准。

（四）注意事项

预防接种时要注意以下几点：要了解被预防羊群的年龄、妊娠、泌乳及健康状况,体弱或原来就生病的羊预防后可能会引起各种反应,应说明清楚,或暂时不打预防针;对半月龄以内的羔羊,除紧急免疫外,一般暂不注射;预防注射前,对疫苗有效期、批号及厂家应注意记录,以便备查;对预防接种的针头,应做到一头一换。

四、肉羊检疫和疫病控制

（一）疫病控制和扑灭

肉羊饲养场发生以下疫病时,应依据《中华人民共和国动物防疫法》及时采取以下措施:

第一,立即封锁现场,驻场兽医应及时进行诊断,并尽快向当地动物防疫监督机构报告疫情。

第二,确诊发生口蹄疫、小反刍兽疫时,肉羊饲养场应配合当地动物防疫监督机构,对羊群实施严格的隔离、扑灭措施。

第三,发生痒病时,除了对羊群实施严格的隔离、扑杀措施外,还需追踪调查病羊的亲代和子代。

第四,发生蓝舌病时,应扑杀病羊;如只是血清学反应呈现抗体阳性,并不表现临床症状时,须采取清群和净化措施。

第五,发生炭疽时,应焚毁病羊,并对可能的污染点彻底消毒。

第六,发生羊痘、布鲁菌病、梅迪/维斯纳病、山羊关节炎/脑炎等疫病时,应对羊群实施清群和净化措施。

第七,全场进行彻底的清洗消毒,病死或淘汰羊的尸体按 GB 16548 进行无害化处理。

（二）产地检疫

产地检疫按 GB 16549 和国家有关规定执行。

（三）疫病监测

当地畜牧兽医行政管理部门必须依照《中华人民共和国动物防疫法》及其配套法规的要求,结合当地实际情况,制订疫病监测方案,由当地动物防疫监督机构实施,肉羊饲养场应积极予以配合。

肉羊饲养场常规监测的疾病至少应包括口蹄疫、羊痘、蓝舌病、炭疽、布鲁菌病。同时需注意监测外来病的传入,如痒病、小反刍兽疫、梅迪/维斯纳病、山羊关节炎/脑炎等。除上述疫病外,还应根据当地实际情况,选择其他一些必要的疫病进行监测。

根据实际情况由当地动物防疫监督机构定期或不定期对肉羊饲养场进行必要的疫病监督抽查,并将抽查结果报告当地畜牧兽医行政管理部门,必要时还应反馈给肉羊饲养场。

(四)防疫记录

每群肉羊都应有相关的生产记录,其内容包括:羊来源,饲料消耗情况,发病率、死亡率及发病死亡原因,无害化处理情况,实验室检查及其结果,用药及免疫接种情况,消毒情况,羊发运目的地等。所有记录应妥善保存。所有记录应在清群后保存2年以上。建立肉羊卡,做到一羊一卡一号,记录羊的编号、出生日期、外表、生产性能、免疫、检疫、病历等原始资料。肉羊防疫档案记录见表6-5。

表6-5　肉羊防疫档案记录表

肉羊基本情况							
羊号		羊场编号			登记日期		
品种		来源			出生日期		
毛色		初生重(千克)			外貌		
免疫记录							
日期	疫苗名称	接种剂量(毫克、毫升)			接种方法		接种人员
消毒记录							
日期	消毒对象	消毒剂	剂量(毫克、毫升)		消毒方法		消毒人员
疫病监测记录							
日期	布病	口蹄疫	羊痘	羊口疮	羊传染性胸膜肺炎	伪狂犬病	其他

肉羊病史记录					
发病日期	病名	预后情况	实验室检查	原因分析	使用兽药

无害化处理记录					
处理日期	处理对象	处理数量(只)	处理原因	处理方法	处理人员

五、肉羊临床检查

(一)肉羊临床检查方法

1. 问诊

了解羊群和病羊的生活史与患病史,着重了解以下 3 方面:一是患羊发病时间和病后主要表现,附近其他羊有无类似疾病发生;二是饲养管理情况,主要了解饲料种类和饲喂量;三是治疗经过,了解用药种类和效果。

2. 视诊

视诊是用眼睛或借助器械观察病羊的各种异常现象,是识别各种疾病不可缺少的方法,特别对大羊群中发现病羊更为重要。视诊时,先观察全貌,如精神、营养、姿势等。然后再由前向后查看,即从头部、颈部、胸部、腹部到臀部及四肢等处,注意观察体表有无创伤、肿胀等现象。最后让病羊运动,观察步行状态。

(1)精神状态 包括颜面部表情,身体姿态,眼、耳及尾的活动以及防卫性反应等。病羊多数精神沉郁,表现低头闭眼,茫然呆立,反应迟钝。有时出现兴奋状态,狂奔乱跳,嘶鸣吼叫,烦躁不安。健康羊表现为精神敏锐,反应灵活。在病理状态下,由于大脑机能发生障碍,在临床上出现精神兴奋是大脑皮质兴奋性增高的表现,此时对轻微的刺激即表现出强烈的反应。高度兴奋时,病畜狂躁不安,或狂奔乱跳,攻击人畜,高声鸣叫等,见于脑炎、狂犬病、有机磷和有机氯、农药中毒以及神经型酮血病等。羊精神抑制主要有以下类型:①沉郁:病羊对周围事物的注意力减弱,反应迟钝,离群呆立,闭眼低头,不听呼唤,见于许多疾病的经过中。②昏睡:病羊陷入深睡状态,强刺激能使之觉醒,但反应极为迟钝,并很快陷入昏睡状态,见于脑炎及颅内压增高等。③昏迷:病羊倒地,昏迷不醒,意识完全丧失,角膜和瞳孔反射消失,强刺激也无反应,只保持有呼吸和心波动,但心律失常,呼吸节律也多不齐,见于重症脑炎、中毒及肝、肾机能衰竭等,常为愈后不良的征兆。

(2)姿势　一般情况下,病羊会出现一些特异姿势。如患破伤风的病羊四肢张开,头颈僵硬,背直而紧张;患咽喉炎时,头颈伸展而避免运动;患胃肠性腹痛时,则病羊站立不稳,起卧滚转,回头顾腹;患脑炎的病羊,出现盲目运动或圆周运动。

(3)营养　主要检查绒毛状态和肋、臀部肌肉丰满程度,一般将营养分为良好、中等和不良3个等级。病羊短期内迅速消瘦的,见于急性热性传染病和剧烈腹泻等;逐渐消瘦的,多因长期营养不良或各种慢性疾病所引起。

(4)被毛及皮肤　健康羊的绒毛,光泽柔润,不易脱落。患慢性消耗性疾病和内寄生虫病过程中,绒毛粗乱无光,干燥易断;患部脱毛,伴有皮肤增厚、变硬、擦伤和啃咬等,见于湿疹或外寄生虫寄生。皮肤检查主要检查皮肤气味、温度、弹性、肿胀和发疹等。

(5)可视黏膜　在临床上主要检查眼结膜。检查眼羊结膜时,以两手拇指打开上、下眼睑进行观察。健康羊眼结膜呈淡粉红色,当兴奋、运动、外界气温高或结膜受刺激时,其色泽变深。眼结膜颜色的病理变化常见的有以下几种情况:①结膜苍白:结膜苍白是贫血的表现。急速苍白见于大失血、肝脾等内脏破裂,逐渐苍白见于慢性消耗性疾病。②结膜潮红:结膜潮红是充血的表现。弥漫性潮红见于眼病、肠炎及各种急性传染病;树枝状充血(结膜血管高度扩张,如同树枝状)常见于脑炎及伴有血液循环严重障碍的心脏病。③结膜黄染:结膜黄染是血液中胆红素量增多的表现,见于肝脏病、胆道阻塞、溶血性疾病和钩端螺旋体病等。④结膜紫绀:结膜紫绀是血液中还原血红蛋白增多的结果,见于伴有心、肺机能障碍的重症病程中。严重贫血时,由于血红蛋白减少,而不出现发绀。此外,结膜有出血点或出血斑,是血管通透性增大所致,见于某些传染病和出血性疾病。眼角附有大量分泌物,是眼结膜分泌亢进的表现。在某些疾病过程中,常出现浆液性、黏液性或脓性分泌物,如结膜炎、感冒、钩端螺旋体病等。

3. 触诊

触诊是利用手的感觉进行检查的一种方法。根据病变的深浅和触诊的目的可分为浅部触诊和深部触诊。浅部触诊的方法是检查者的手放在被检部位上轻轻滑动触摸,可以了解被检部位的温度、湿度和疼痛等;深部触诊是用不同的力量对病羊进行按压,以了解病变的性质。

触诊感到病变的硬度有以下几种:①捏粉样:柔软如面团,指压留痕,除出去压迫后缓慢恢复,见于组织间浆液浸润,如水肿等。②坚实:硬度如肝,见于组织间细胞浸润,如蜂窝组织炎。③坚硬:硬度似骨,如骨瘤。④波动性:柔软有弹性,指压不留痕,有液体移动感,见于组织间液体积留而周围组织弹性减弱时,如血肿、脓肿等。⑤气肿性:压迫柔软稍有弹性,有捻发音,并有气体串动感,见于组织间积聚气体时,如皮下气肿、恶性水肿等。

4. 叩诊

叩诊就是叩打动物体表某部,便之振动发生声音,按其声音的性质以推断被叩组织、器官有无病理改变的一种诊断方法。羊常用指叩诊,根据被叩组织是否含有气体,以及含气量的多少,可出现清音、浊音、半浊音和鼓音。

5. 听诊

直接用耳听取音响的,称为直接听诊,主要用于听取病羊的呻吟、喘息、咳嗽、喷嚏、嗳气、磨牙等声音。用听诊器进行听诊的称为间接听诊,主要用于心、肺及胃肠检查。

心脏听诊是检查心脏的重要方法,一般采用间接听诊法。对羊听诊心脏时,可以听到有节律的类似"通—嗒、通—嗒"的两个性质不同的声音。前一个声音称为缩期心音或第一心音,后一个声音称为张期心音或第二心音。第一心音与第二心音的间隔时间短,而第二心音与下一次第一心音的间隔时间长。在正常情况下,两心音不难区别。在心率过速时,单纯依据心音高低、长短和时间间隔等,不易区别,而要对照心搏动或脉搏是否同时发生来判断。与心搏动或脉搏同时出现的心音为第一心音,与心搏动或脉搏不一致的心音为第二心音。

6. 嗅诊

嗅诊就是借嗅觉器官闻病畜的排泄物、分泌物、呼出气、口腔气味以及深入畜舍了解卫生状况,检查饲料是否霉败等的一种方法。嗅诊在诊断某些疾病时有重要意义。如肺坏疽时,鼻液及呼出气具有难闻的腐败臭味;胃肠炎时粪便恶臭;尿毒症时,皮肤或汗液带有尿臭气味。

(二)肉羊临床检查指标

1. 体温检查

羊的体温在直肠内测定。测定前必须将体温计的水银柱甩至35℃以下,用消毒棉擦拭并涂以润滑剂,然后把体温计缓慢插入肛门内,保持3~5分后取出,擦净体温计上的粪便并查看读数(羊正常体温为38~39.5℃,羔羊高出约0.5℃)。剧烈运动或经暴晒的病羊,须休息半小时后再测温。

(1)发热 体温高于正常范围,并伴有各种症状的称为发热。

(2)微热 体温升高0.5~1℃称为微热。

(3)中热 体温升高1~2℃称为中热。

(4)高热 体温升高2~3℃称为高热。

(5)过高热 体温升高3℃以上称为过高热。

(6)稽留热 体温高热持续3天以上,上午、下午温差1℃以内,称为稽留热,见于纤维素性肺炎。

(7)弛张热 体温日差在1℃以上而不降至常温的,称弛张热,见于支气管肺炎、败血症等。

(8)间歇热 体温有热期与无热期交替出现,称为间歇热,见于血孢子虫病、锥虫病。

(9)无规律发热 发热的时间不定,变动也无规律,而且体温的温差有时相差不大,有时出现巨大波动,见于渗出性肺炎等。

(10)体温过低 体温在常温以下,见于产后瘫痪、休克、虚脱、极度衰弱和濒死期等。

2. 脉搏检查

羊利用股动脉检脉。检查时,通常用右手的食指、中指及无名指先找到动脉管后,用3指轻压动脉管,以感觉动脉搏动,计算1分的脉搏数(健康羊脉搏数70~80次/分)。

3. 呼吸检查

(1)呼吸数 也叫呼吸频率,即每分钟的呼吸次数。在安静状态下,胸腹部起伏运动,胸腹壁起伏一次,即呼吸一次(健康羊12~20次/分),呼吸数增多,临床上最常见。能引起脉搏数增多的疾病,多能引起呼吸数增多,如发热性疾病、各种肺脏疾病、严重心脏病以及贫血等。另外,呼吸疼痛性疾病(胸膜炎、肋骨骨折、创伤性网胃炎、腹膜炎等)也可致使呼吸数增多。呼吸数减少,见于脑积水、产后瘫痪和气管狭窄等。

(2)呼吸运动 ①呼吸式检查:健康山羊一般都是胸腹式呼吸,胸壁和腹壁的运动都比较明显。在病理状态下可出现胸式呼吸(吸气时胸壁运动比较明显)或腹式呼吸(吸气时腹壁的运动比较明显)。②呼吸节律的检查:健康运动的呼吸呈节律性运动。吸气后紧接呼气,经短暂间歇,又行下一次呼吸。

一般吸气短而呼气略长,可因兴奋、恐惧和剧烈运动等而发生改变。如呼吸运动长时间变化,则是病理状态。临床上常见的呼吸节律变化有潮式呼吸、间歇呼吸、深长呼吸3种。

(3)呼吸困难种类 ①吸气性呼吸困难:吸气用力,时间延长,鼻孔开张,头颈伸直,肘向外展,肋骨上举,肛门内陷,并常听到类似哨声样的狭窄音。主要是气息通过上呼吸道发生障碍的结果。见于鼻腔、喉、气管狭窄的疾病和咽淋巴结肿胀等。②呼气性呼吸困难:呼气用力,时间延长,背部拱起,肷窝变平,腹部容积变小,肛门突出,呈明显的二段呼气,于肋骨和软肋骨的结合处形成一条喘沟,呼气越困难喘沟越明显。是肺内空气排出发生障碍的结果,见于细支气管炎和慢性肺气肿等。③混合性呼吸困难:吸气和呼气都困难,而且呼吸加快。由于肺呼吸面积减少,或肺呼吸受限制,肺内气体交换障碍,致使血中二氧化碳蓄积和缺氧而引起,见于肺炎、胸膜炎等疾病。心源性、中毒性等呼吸困难也属于混合性呼吸困难。

4. 采食和饮水检查

在正常情况下,山羊用上唇摄取食物,靠唇舌吮吸把水吸进口内来饮水。

(1)采食障碍 表现为采食方法异常,唇、齿和舌的动作不协调,难把食物纳入口内,或刚纳入口内,未经咀嚼即脱出。见于唇、舌、牙、颅骨的疾病及各种脑病,如慢性脑水肿、脑炎、破伤风、面神经麻痹等。

(2)咀嚼障碍 表现为咀嚼无力或咀嚼疼痛。常于咀嚼突然张口,上下颌不能充分闭合,致使咀嚼不全的食物掉出口外。见于佝偻病、骨软症、放线菌病等。此外,由于咀嚼的齿、颊、口黏膜、下颌骨和咬肌等的疾病,咀嚼时引起疼痛而出现咀嚼障碍。神经障碍,也可出现咀嚼困难或完全不能咀嚼。

(3)吞咽障碍 吞咽时或吞咽稍后,动物摇头伸颈、咳嗽,由鼻孔逆出混有食物的唾液和饮水,见于咽喉炎、食管阻塞及食管炎。

(4)饮水 在生理情况下饮水多少与气候、运动和饲料的含水量有关。在病理状态下,饮欲可发生变化,出现饮欲增加或饮欲减退。饮欲增加见于热性病、腹泻、大出汗以及渗出性胸膜炎的渗出期。饮欲减退见于伴有昏迷的脑病及某些胃肠病。

5. 瘤胃检查

常采用视诊、触诊、听诊。

(1)视诊 正常时左侧肷窝稍凹陷。瘤胃积食和鼓气时肷窝展平,甚至凸出。肷窝深陷,见于饥饿和长期腹泻等。

（2）触诊　检查瘤胃的收缩次数和强度，可将手掌摊平或半握拳，用力紧贴于左侧肷窝部。正常时，瘤胃收缩次数每两分2～4次。判定瘤胃内容物的性状及敏感性，宜用冲击式触诊。瘤胃鼓胀时，上部腹壁紧张而有弹性，用力强压也难以感知瘤胃内容物性状。前胃弛缓时，内容物柔软。瘤胃积食时，感觉内容物坚实。胃黏膜有炎症时，触诊有疼痛反应。瘤胃收缩无力、次数减少、收缩持续时间短促，表示其运动机能减退，见于前胃弛缓、创伤性网胃炎、热性病以及其他全身性疾病。

（3）听诊　瘤胃蠕动音类似"沙沙"声，在肷窝隆起时最强，以后逐渐减弱。蠕动音加强，表示瘤胃收缩增强。蠕动音减弱或消失，表示前胃弛缓或瘤胃积食等。

6. 排粪检查

正常羊粪呈小而干的球样。粪便稀软甚至水样：表明肠消化机能障碍、蠕动加强，见于肠炎等。粪便硬固或粪便球干小：表明肠管运动机能减退，或肠肌弛缓，水分大量被吸收，见于便秘初期。褐色或黑色粪：前部肠管出血。粪便表面附有鲜红色血液：后部肠管出血。粪呈灰白色：阻塞性黄疸时，由于粪胆素减少，粪便酸臭。腐败臭腥臭时：肠内容物强烈发酵和腐败，见于胃肠炎、消化不良等。腐败中混有虫体：见于胃肠道寄生虫病。

7. 排尿检查

健康羊排尿时，都取一定姿势。当这些特定姿势发生改变时，表明排尿发生障碍。常见的排尿障碍：①尿失禁：羊未取排尿姿势，而经常不自主地排出少量尿液称为尿失禁，见于腰荐部脊髓损伤和膀胱括约肌麻痹。②尿淋漓：尿液不断呈点滴状排出时，称为尿淋漓，是由于排尿机能异常亢进和尿路疼痛刺激而引起，见于急性膀胱炎和尿道炎等。③排尿带痛：动物排尿时表现痛苦不安、努责、呻吟、回顾腹部和摇尾等，排尿后仍长时间保持排尿姿势。排尿疼痛见于膀胱炎、尿道炎和尿路结石等。

六、肉羊药物使用

（一）肉羊给药方法

根据药物的种类、性质、使用目的以及动物的饲养方式，选择适宜的用药方法。临床上一般采用以下给药方法：

1. 个体给药

（1）口服给药　口服给药简便，适合大多数药物，可发挥药物在胃肠道的作用，如肠道抗菌药、驱虫药、制酵药、泻药等，常常采用口服。常用的口服方法有灌服、饮水、混到饲料中喂服、舔服等。应在饲喂前服用的药物有苦味健胃药、收敛止泻药、胃肠解痉药、肠道抗感染药、利胆药。应空腹或半空腹服用的药物有驱虫药、盐类泻药。刺激性强的药物应在饲喂后服用。

（2）注射给药　注射给药优点是吸收完全，药效快。不宜口服的药物，大都可以注射给药。常用的注射方法有皮下注射、肌内注射、静脉注射、静脉滴注，此外还有气管注射、腹腔注射，以及瘤胃、直肠、子宫、阴道、乳管注入等。皮下注射将药物注入颈部或股内侧皮下疏松结缔组织中，经毛细血管吸收，一般 10～15 分即可出现药效；刺激性药物及油类药物不宜皮下注射。肌内注射将药物注入富含血管的肌肉（如臀肌）中，吸收速度比皮下快，一般经 5～10 分即可出现药效。油剂、混悬剂也可肌内注射，刺激性较大的药物，可注于肌肉深部，药量大的应分点注射。静脉注射将药物注入体表明显的静脉中，作用最快，适用于急救、注射大量或刺激性强的药物。

（3）灌肠法　灌肠法是将药物配成液体，直接灌入直肠内，羊可用小橡皮管灌肠。先将直肠内的粪便清除，然后在橡皮前端涂上凡士林，插入直肠内，把橡皮管的盛药部分提高到超过羊的背部。灌肠完毕后，拔出橡皮管，用手压住肛门或拍打尾根部，以防药物排出。灌肠药液的温度，应与体温一致。

（4）胃管法　给羊插入胃管的方法有 2 种：一是经鼻腔插入，二是经口腔插入。胃管正确插入后，即可接上漏斗灌药。药液灌完后，再灌少量清水，然后取掉漏斗，用嘴吹气，或用橡皮球打气，使胃管内残留的液体完全入胃，用拇指堵住胃管管口，或折叠胃管，慢慢抽出。该法适用于灌服大量水剂及有刺激性的药液。患咽炎、咽喉炎和咳嗽严重的病羊，不可用胃管灌药。

（5）皮肤、黏膜给药　通过皮肤和黏膜吸收药物，使药物在局部或全身发挥治疗作用。常用的给药方法有滴鼻、点眼、刺种、毛囊涂擦、皮肤局部涂擦、药浴、埋藏等。刺激性强的药物不宜用于黏膜。

2. 群体给药

（1）混饲给药　将药物均匀混入饲料中，让羊吃料时能同时吃进药物，适用于长期投药。不溶于水或适口性差的药物用此法更为恰当。药物与饲料的混合必须均匀，并应准确掌握饲料中药物的浓度。

（2）混水给药　将药物溶解于水中，让羊自由饮用。此法适用于因病不能吃食，但还能饮水的羊。采用此法须注意根据羊可能饮水的量，来计算药量与药液浓度；限制时间饮用药液，以防止药物失效或增加毒性等。

（3）气雾给药　将药物以气雾剂的形式喷出，让羊经呼吸道吸入而在呼吸道发挥局部作用,或使药物经肺泡吸收进入血液而发挥全身治疗作用。若喷雾于皮肤或黏膜表面,则可发挥保护创面、消毒、局麻、止血等局部作用。本法也可供室内空气消毒和杀虫之用。气雾吸入要求药物对羊呼吸道无刺激性,且药物应能溶于呼吸道的分泌液中。

(4)药浴 采用药浴方法杀灭体表寄生虫,但须用药浴的设施。药浴用的药物最好是水溶性的,药浴应注意掌握好药液浓度、温度和浸洗的时间。

(二)肉羊生产药品使用

肉羊必要时进行预防、治疗和诊断疾病所用的兽药必须符合《中华人民共和国兽药典》《中华人民共和国兽药规范》《兽药质量标准》和《进口兽药质量标准》的相关规定。优先使用符合《中华人民共和国兽用生物制品质量标准》《进口兽药质量标准》的疫苗预防肉羊疾病。

允许使用《中华人民共和国兽药典》(二部)及《中华人民共和国兽药规范》(二部)收载的用于羊的兽用中药材、中药成方制剂。允许使用国家畜牧兽医行政管理部门批准的微生态制剂。

允许使用表6-6中的抗菌药和抗寄生虫药。

表6-6 无公害食品肉羊饲养允许使用的抗寄生虫药、抗菌药及使用规定

类别	名称	制剂	用法与用量 (用量以有效成分计)	休药期 (天)
抗寄生虫药	阿苯达唑	片剂	内服,一次量,10~15毫克/千克体重	7
	双甲脒	溶液	药浴、喷洒、涂刷、配成0.025%~0.05%的乳液	21
	溴酚磷	片剂、粉剂	内服,一次量,12~16毫克/千克体重	21
	氯氰碘柳胺钠	片剂	内服,一次量,10毫克/千克体重	28
		注射液	皮下注射,一次量,5毫克/千克体重	28
		混悬液	内服,一次量,10毫克/千克体重	28
	溴氰菊酯	溶液剂	药浴,5~15毫克/升水	7
	三氮脒	注射用粉针	肌内注射,一次量,3~5毫克/千克体重,临用前配成5%~7%溶液	28
	二嗪农	溶液	药浴,初液,250毫克/升水;补充液,750毫克/升水(均按二嗪农计)	28
	非班太尔	片剂、颗粒剂	内服,一次量,5毫克/千克体重	14

类别	名称	制剂	用法与用量（用量以有效成分计）	休药期（天）
抗寄生虫药	芬苯达唑	片剂、粉剂	内服，一次量，5～7.5毫克/千克体重	6
	伊维菌素	注射剂	皮下注射，一次量，0.2毫克（相当于200国际单位）/千克体重	21
	盐酸左旋咪唑	片剂	内服，一次量，7.5毫克/千克体重	3
		注射剂	皮下，肌内注射，7.5毫克/千克体重	28
	硝碘酚腈	注射液	皮下注射，一次量，10毫克/千克体重，急性感染，13毫克/千克体重	30
	吡喹酮	片剂	内服，一次量，10～35毫克/千克体重	1
	碘醚柳胺	混悬液	内服，一次量，7～12毫克/千克体重	60
	噻苯咪唑	粉剂	内服，一次量，50～100毫克/千克体重	30
	三氯苯唑	混悬液	内服，一次量，5～10毫克/千克体重	28
抗菌药	氨苄西林钠	注射用粉针	肌内、静脉注射，一次量，10～20毫克/千克体重	12
	苄星青霉素	注射用粉针	肌内注射，一次量，3万～4万国际单位/千克体重	14
	青霉素钾	注射用粉针	肌内注射，一次量，2万～3万国际单位/千克体重，一天2～3次，连用2～3天	9
	青霉素钠	注射用粉针	肌内注射，一次量，2万～3万国际单位/千克体重，一天2～3次，连用2～3天	9
	硫酸小檗碱	粉剂	内服，一次量，0.5～1克	0
		注射液	肌内注射，一次量，0.05～0.1克	0
	恩诺沙星	注射液	肌内注射，一次量，2.5毫克/千克体重，一天1～2次，连用2～3天	14
	土霉素	片剂	内服，一次量，羊，10～25毫克/千克体重（成年反刍畜不宜内服）	5
	普鲁卡因青霉素	注射用粉针	肌内注射，一次量，2万～3万国际单位/千克体重，一天1次，连用2～3天	9
		混悬液	肌内注射，一次量，2万～3万国际单位/千克体重，一天1次，连用2～3天	9
	硫酸链霉素	注射用粉针	肌内注射，一次量，10～15毫克/千克体重，一天2次，连用2～3天	14

(三)药物使用注意事项

严格遵守规定的作用与用途、用法与用量及其他注意事项。严格遵守休药期规定。所用兽药必须来自具有兽药生产许可证和产品批准文号的生产企业，或者具有进口兽药许可证的供应商。所有兽药的标签必须符合《兽药管理条例》的规定。

建立并保存免疫程序记录；建立并保存全部用药的记录，治疗用药记录包括肉羊编号、发病时间及症状、药物名称(商品名、有效成分、生产单位)、给药途径、给药剂量、疗程、治疗时间等；预防或促生长混饲用药记录包括药品名称(商品名、有效成分、生产单位及批号)、给药剂量、疗程等。

禁止使用未经国家畜牧兽医行政管理部门批准的兽药和已经淘汰的兽药。禁止使用《食品动物禁用的兽药及其他化合物清单》中的药物。

第二节 肉羊常见病及防治

一、羔羊常见病防治

羔羊脐带一般是在出生后的第二天开始干燥，6 天左右脱落，脐带干燥脱落的早晚与断脐的方法、气温及通风有关。由于这一时期羔羊身体各方面的机能尚不完善，对外界适应能力差，抗病力低，如果饲养与护理不当，很容易得病。做好初生羔羊疾病的诊疗工作，有着重大的意义。

(一)初生羔羊假死

初生羔羊假死亦称新生羔羊窒息，其主要特征是刚产出的羔羊发生呼吸障碍，或无呼吸而仅有心跳，如抢救不及时，往往死亡。

【病因】分娩时产出期拖延或胎儿排出受阻，胎盘水肿，胎囊破裂过晚，倒生时脐带受到压迫，脐带缠绕，子宫痉挛性收缩等，均可引起胎盘血液循环减弱或停止，使胎儿过早地呼吸，吸入羊水而发生窒息。此外，母羊发生贫血及大出血，使胎儿缺氧和二氧化碳量增高，也可导致本病的发生。

对接产工作组织不当，严寒的夜间分娩时，因无人照料，使羔羊受冻太久；难产时脐带受到压迫，或胎儿在产道内停留时间过长，有时是因为倒生，助产不及时，使脐带受到压迫，造成循环障碍；母羊有病，血内氧气不足，二氧化碳积聚多，刺激胎儿过早地发生呼吸反射，以致将羊水吸入呼吸道。

【症状】羔羊横卧不动，闭眼，舌外垂，口舌发紫，呼吸微弱甚至完全停止；口腔和鼻腔积有黏液或羊水；听诊肺部有湿啰音、体温下降。严重时全身松软,反射消失,只是心脏有微弱跳动。

【预防】及时进行接产,对初生羔羊精心护理。分娩过程中,如遇到胎儿在产道内停留较久,应及时进行助产,拉出胎儿。如果母羊有病,在分娩时应迅速助产,避免延误而发生窒息。

【治疗】如果羔羊尚未完全窒息,还有微弱呼吸时,应即刻提着后腿,将羔羊吊起来,轻拍胸腹部,刺激呼吸反射,同时促进排出口腔、鼻腔和气管内的黏液和羊水,并用净布擦干羊体,然后将羔羊泡在温水中,使头部外露。稍停留之后,取出羔羊,用干布片迅速摩擦身体,然后用毡片或棉布包住全身,使口张开,用软布包舌,每隔数秒,把舌头向外拉动1次,使其恢复呼吸动作。待羔羊复活以后,放在温暖处进行人工哺乳。

若已不见呼吸,必须在除去鼻孔及口腔内的黏液及羊水之后,施行人工呼吸。同时注射尼可刹米、洛贝林或樟脑水0.5毫升。也可以将羔羊放入37℃左右的温水中,让头部外露,用少量温水反复洒向心脏区,然后取出,用干布摩擦全身。

(二)胎粪停滞

胎粪是胎儿胃肠道分泌的黏液、脱落的上皮细胞、胆汁及吞咽的羊水经消化作用后,残余的废物积聚在肠道内所形成的。新生羔羊通常在生后数小时内就排出胎粪。如在生后一天不排出胎粪,或吮乳后新形成的粪便黏稠不易排出,新生羔羊便秘或胎粪停滞,此病主要发生在早期的初生羔羊,常见于绵羊羔。

【病因】如母羊营养不良,引起初乳分泌不足,初乳品质不佳,或羔羊吃不上初乳;新生羔羊孱弱,加上吮乳不足或吃不上初乳,则肠道弛缓无力,胎粪不能排出,即可发生胎粪停滞。

【症状】羔羊生后一天内未排出胎粪,精神逐渐不振,吃奶次数减少,肠音减弱,且表现不安,即拱背、摇尾、努责,有时还有踢腹、卧地并回顾等轻度腹痛症状。有时症状不明显,偶尔腹痛明显,卧地、前肢抱头打滚。有时羔羊排粪时大声鸣叫;有时出于黏稠粪块堵塞肛门,可继发肠鼓气。以后,精神沉郁,不吃乳。呼吸及心跳加快,肠音消失。全身无力,经常卧地乃至卧地不起,羔羊渐陷于自体中毒状态。

【诊断】为了确诊,可在手指上涂油,进行直肠检查。便秘多发生在直肠和小结肠后部,在直肠内可摸到硬固的黄褐色的粪块。

【预防】怀孕后半期要加强母羊的饲养管理,补喂富有蛋白质、维生素及矿物质的饲料,使羔羊出生后吃到足够的初乳。要随时观察羔羊表现及排便情况,以便早期发现,及时治疗。

【治疗】采用润滑肠道和促进肠道蠕动的方法,不宜给以轻泻剂,以免引起顽固性腹泻。必要时,可用手术排出粪块。

先用温肥皂水 300~500 毫升,及橡皮球进行浅部灌肠,排出近处的粪块,一般效果良好。必要时也可在 2~3 小时后再灌肠一次,也可用橡皮管插入直肠内 20~30 厘米后灌注开塞露 5 毫升,或石蜡油 40~60 毫升。用橡皮球及肥皂水灌肠一般效果良好。

可口服石蜡油 5~15 毫升,或硫酸钠 2~5 克,并同时灌肠酚酞 0.1~0.2 克,效果很好。投药后,按摩和热敷腹部可增强肠道蠕动。

也可施行剖腹术,排出粪块,在左侧腹壁或脐部后上方腹白线一侧选择术部,切口长约 10 厘米。切开腹壁后,伸手入腹腔,将小结肠后部及直肠内的粪块逐个或分段挤压至直肠后部,然后再设法将它排出肛门外,最后缝合腹壁。

如果羔羊有自体中毒现象,必须及时采取补液、强心、解毒及抗感染等治疗措施。

(三)羔羊痢疾

羔羊痢疾是初生羔羊的一种急性传染病。其特征是持续下痢,以羔羊腹泻为主要特征,主要危害 7 日龄以内的羔羊,死亡率很高。其病原一类是厌氧性羔羊痢疾,病原体为产气荚膜梭菌。另一类是非厌氧性羔羊痢疾,病原体为大肠杆菌。

【病因】引起羔羊痢疾的病原微生物主要为大肠杆菌、沙门杆菌、魏氏梭菌、肠球菌等。这些病原微生物可混合感染或单独感染而使羔羊发病。传染途径主要通过消化道,但也可经脐带或伤口传染。本病的发生和流行与怀孕母羊营养不良,羔羊护理不当,产羔季节天气突变,羊舍阴冷潮湿有很大关系。

【症状】自然感染潜伏期为 1~2 天。病羔体温微升或正常,精神不振,行动不活泼,被毛粗乱,孤立在羊舍一边,低头拱背,不想吃奶,眼睑肿胀,呼吸、脉搏增快,不久则发生持续性腹泻,粪便恶臭,开始为糊状,后变为水样,含有气泡、黏液和血液。粪便颜色不一,有黄、绿、黄绿、灰白等色。到病的后期,常因虚弱、脱水、酸中毒而造成死亡。病程一般 2~3 天。也有的病羔腹胀,排少量稀粪,而主要表现神经症状,四肢瘫软,卧地不起,呼吸急促,口流白沫,头向后抑,体温下降,最后昏迷死亡。剖检主要病变在消化道,肠黏膜有卡他出血性炎症,内有血样内容物,肠肿胀,小肠溃疡。

【诊断】根据羔羊食欲减退、精神萎靡，卧地不起，起初呈黄色稀汤粪便，后来为血样紫黑色稀粪。结合症状可做出诊断。

【预防】加强怀孕母羊及哺乳期母羊的饲养管理，保持怀孕母羊的良好体质，以便产出健壮的羔羊。做好接羔护羔工作，产羔前对产房做彻底消毒，可选用1%～2%的热氢氧化钠水或20%～30%石灰水喷洒羊舍地面、墙壁及产房一切用具；冬春季节做好新生羔羊的保温工作。

也可进行药物或疫苗预防。刚分娩的羔羊留在家里饲养，可口服青霉素片，每天1～2片，连服4～5天；灌服土霉素，每次0.3克，连用3天；在羔羊痢疾常发生的地区，可用羔羊痢疾菌苗给妊娠母羊进行2次预防接种，第一次，在产前25天，皮下注射2毫升，第二次在产前15天，皮下注射3毫升，可获得5个月的免疫期。

【治疗】①土霉素、胃蛋白酶各0.8克，分为4包，每6小时加水灌服一次；盐酸土霉素200毫克，每6小时肌内注射一次，连用2～3天；或土霉素、胃蛋白酶各0.8克，碱式硝酸铋、鞣酸蛋白各0.6克，分为4包，每6小时加水灌服1次，连服2～3天。②磺胺脒、胃蛋白酶、乳酶生各0.6克，分成4包，每6小时加水灌服一次，连用2～3天；磺胺脒、乳酸钙、碱式硝酸铋、鞣酸蛋白各1份，充分混合，日灌服2次，每次1～1.5克，连服数日；或用呋喃西林5克，磺胺脒25克，碱式硝酸铋6克，加水100毫升，混匀，每头每次灌4～5毫升，每天2次。③严重失水或昏迷的羔羊除用上述药方外，可静脉注入5%葡萄糖生理盐水20～40毫升，皮下注入阿托品0.25毫升。④用胃管灌服6%硫黄镁溶液（内含0.5%福尔马林）30～60毫升，6～8小时后，再灌服1%高锰酸钾溶液1～2次。⑤中药疗法。一是用乌梅散：乌梅（去核）、炒黄连、郁金、甘草、猪苓、黄芩各10克，柯子、焦山楂、神曲各13克，泽泻8克，干柿饼1个（切碎）。将以上各药混合捣碎后加水400毫升，煎汤至150毫升，以红糖50克为引，用胃管灌服，每只每次30毫升。如拉稀不止，可再服1～2次。二是用承气汤加减：大黄、酒黄芩、焦山楂、甘草、枳实、厚朴、青皮各6克，将以上各药混合后研碎加水400毫升，再加入朴硝16克（另包），用胃管灌服患羔。

（四）羔羊肺炎

由于新生羔羊的呼吸系统在形态和机能上发育不足，神经反射尚未成熟，故最容易发生肺炎。多在早春和晚秋天气多变的季节发生，发病恢复后的羔羊生长发育会受阻。

【病因】羔羊肺炎主要是因为天气剧烈变化，感冒加重而致，并无特殊的病原菌。羔羊肺炎发生的主要原因是羔羊体质不健壮和外界环境不良造成。

怀孕母羊在冬季营养不足,第二年春季产出的羔羊就会有大批肺炎出现,因为母羊营养不良,直接影响到羔羊先天发育不足,产重不够,抵抗力弱,容易患病。在初乳不足,或者初乳期以后奶量不足,影响了羔羊的健康发育。运动不足和维生素缺乏,也容易患肺炎。另外,圈舍通风不良,羔羊拥挤,空气污浊,对呼吸道产生了不良刺激。酷热或突然变冷,或者夜间羔羊圈舍的门窗关闭不好,受到贼风或低温的侵袭。

【症状】病初咳嗽,流鼻涕,很快发展到呼吸困难,心跳加快,食欲减少或废绝。病羊精神萎靡,被毛粗乱而无光泽,有黏性鼻液或干固的鼻痂。呼吸促迫,每分达 60~80 次,有的达到 100 次以上。体温升高,病后的 2~3 天内可高达 40℃以上,听诊有啰音。

【预防】天气晴朗时,让羔羊在棚外活动,接受阳光照射,加强运动,增强对外界环境的适应能力,勤清除棚圈内的污物,更换垫草,使棚舍适当通风,空气新鲜,干燥。给羔羊喂奶时注意温度,务使羔羊吃饱,增强其抵抗寒冷能力。注意保温,喂给易于消化而营养丰富的饲料,给予充足的清洁饮水。注意怀孕母羊的饲养。供给充足的营养,特别是蛋白质、维生素和矿物质,以保证胎羊的发育,提高羔羊的产重。保证初乳及哺乳期奶量的充足供给。加强管理,减少同一羊舍内羔羊的密度,保证羊舍清洁卫生,注意夜间防寒保暖,避免贼风及过堂风的侵袭,尤其是天气突然变冷时,更应特别注意。当羔羊群中发生感冒较多时,应给全群羔羊服用磺胺甲基嘧啶,以预防继发肺炎。预防剂量可比治疗剂量稍小,一般连用 3 天,即有预防效果。

【治疗】肌内注射青、链霉素或口服磺胺二甲基嘧啶(每千克体重 0.07克);严重时,静脉滴注 50 万国际单位四环素葡萄糖液,并配合给予解热、祛痰和强心药物。

(1)及时隔离,加强护理 尽快消除引起肺炎的一切外界不良因素,为病羊提供良好的条件,例如放在宽大而通风良好的圈舍,铺足垫草,保持温暖,以减轻咳嗽和呼吸困难。

(2)应用抗生素或磺胺类药物 磺胺甲基嘧啶采用口服,对于人工哺乳的羔羊,可放在奶中喝下,既没有注射用药的麻烦,又可避免羔羊注射抗生素的痛苦。口服剂量是每只羔羊日服 2 克,分 3~4 次,连服 3~4 天。抗生素疗法,可以肌内注射青霉素或链霉素,亦可静脉注射四环素。对于严重病例,还可采用气管注射或胸腔注射。气管注射时,可将青霉素 20 万国际单位溶于 3

毫升0.25%盐酸普鲁卡因中,或将链霉素0.5克溶于3毫升蒸馏水中,每天2次。胸腔注射时,可在倒数第6~8肋间,背中线向下4~5厘米处进针1~2厘米,青霉素剂量为:1月龄以内的羔羊10万国际单位,1~3月龄的20万国际单位,每天2次,连用2~3天。在采用抗生素或磺胺类药治疗时,当体温下降以后,不可立即中断治疗,要再用同量或较小量持续应用1~2天,以免复发。因为复发病例的症状更为严重,用药效果亦差,故应倍加注意。

(3)中药疗法 如咳嗽剧烈,可用款冬花、桔梗、知母、杏仁、郁金各6克,元参、金银花各8克,水煎后一次灌服;如清肺祛痰,可用黄芩、桔梗、甘草各8克,栀子、白芍、桑白皮、款冬花、陈皮各7克,麦冬、栝楼各6克,水煎后一次灌服。

在治疗过程中,必须注意心脏机能的调节,尤其是小循环的改善,因此可以多次注射咖啡因或樟脑制剂。

(五)羔羊感冒

母羊分娩时,断脐带后,擦干羔羊身上的黏液,用干净的麻袋片等物包好,把羔羊放在保温的暖舍内,卧床上要铺较多的柔软干草,以免羔羊受凉。因天气骤变,突然寒冷,舍内外温差过大或因羊舍防寒设备差,管理不当,受贼风侵袭,常引发羔羊感冒。

【症状】体温升高到40~42℃,眼结膜潮红,羔羊精神萎靡,不爱吃奶,流浆液性鼻汁,咳嗽,呼吸促迫。

【治疗】在气温寒冷的情况下,10日内的羔羊应暂不到舍外活动,以防感冒。羔羊患有感冒时,要加强护理,喂给易消化的新鲜青嫩草料,饮清洁的温水,防止再受寒。口服解热镇痛药,或注射安钠咖等针剂。为预防继发肺炎,应注射青霉素等抗生素药物。

(六)羔羊脐带炎

新生羔羊脐带炎是因新生羔羊脐带断端受细菌感染而引起的脐血管及周围组织发生的一种炎症,往往通过腹壁进入腹腔中所连接的组织发生炎症。人们所说的脐炎,常伴有邻近腹膜的炎症,甚至炎症涉及膀胱圆韧带。

【病因】病因主要是在接产或助产时,脐带断端消毒不严格,羊舍及垫草不洁净而被污染,脐带断端被水或尿液浸渍,或群居羔羊之间互相吸吮脐带,亦见于羔羊痢疾、消化不良、蝇蛆等病的侵害,这些均使脐带遭受细菌的感染而发炎。

【症状】根据炎症的性质和侵害部位不同,可分脐血管炎和坏死性脐炎。

（1）羔羊脐血管炎　病初脐孔周围组织发热、肿胀、充血,触摸有疼痛反应。脐带断端湿润,隔着脐孔处捻动皮肤时,可摸到手指粗细或筷子粗细的硬固状物。脐带残段脱落后,脐孔处湿润,形成瘘孔;指压时,可挤出少量化脓的液体,常带有异常臭味。脐周围常有肿块。

（2）坏死性脐炎　脐带残端湿润、肿胀、呈淡红色,带有恶臭气味。炎症常波及脐孔周围组织,而引起蜂炎和脓肿。

脐带残端脱落后,脐孔处可见有肉芽赘生,形成溃疡面,有脓性渗出物。有时病原微生物沿脐静脉侵入肺脏、肝脏、肾脏和其他脏器,引起败血症或浓度败血症时,羔羊表现精神沉郁、食欲降低、体温升高、呼吸急促等症状。

【预防】接产时对脐部要严格进行消毒,做好圈舍清洁卫生工作。在母羊产前搞好产前卫生,保持通风、干燥、勤换垫草。接羔时可用人工结扎脐带,以促其干燥、坏死、脱落,严格对脐带消毒。同时,要加强产羔舍卫生以及羔羊的护理,防止多数羔羊互相吸吮脐带。

【治疗】脐部或周围组织发炎或脓肿时,局部涂5%碘酊和松节油的等量合剂。局部处理,应用0.1%高锰酸钾溶液清洗局部,用5%碘酊消毒净化组织,撒放磺胺粉,敷料包扎,在脐孔周围皮下分点注射青霉素普鲁卡因注射液。

如脐内脐血管肿胀及周围有肿胀异常,应用外科手术刀切开排脓,并用过氧化氢、0.1%碘酊消毒。如体温升高时,肌内注射或静脉滴注抗生素。脐带坏死时,必须切除脐带残端,除去坏死组织,消毒洗净后,再涂以碘仿醚、碘酊。必要时可用硫酸粉或高锰酸钾粉腐蚀赘生肉芽,最后向创口撒布碘仿醚、磺胺粉。为控制感染,防止炎症扩散,应肌内注射抗生素。青霉素、链霉素各50万国际单位/千克体重,肌内注射。磺胺嘧啶钠0.2克/千克体重,1次灌服,维持剂量减半,可连用5天,亦可用青霉素50万国际单位,0.25%普鲁卡因4毫升,溶解混合,腹腔注射。

（七）羔羊消化不良

羔羊消化不良是一种常见的消化道疾病。本病的特征主要是消化机能障碍和不同程度的腹泻。羔羊到2~3月龄以后,此病逐渐减少。

【病因】母羊饲养管理不当,新生羔羊吃不到初乳或吃初乳过晚,初乳品质过差。哺乳母羊患病,母乳中含有病理产物和病原微生物。母乳中维生素,特别是维生素A、维生素B、维生素C不足或缺乏。羔羊受寒或羊舍过潮,卫生条件差。人工给羔羊哺乳不能定时定量,后期给羔羊补饲不当等。

【症状】羔羊消化不良多发生于哺乳期,病的主要特征是腹泻。粪便多呈灰绿色,且其中混有气泡和白色小凝块(脂肪酸皂),带有酸臭味,混有未消化的凝乳块及饲料碎片。伴有轻微鼓气和腹痛现象。持续腹泻时由于脱水,皮肤弹性降低,被毛蓬乱失去光泽,眼球凹陷。单纯性消化不良体温一般正常或偏低。中毒性消化不良可能表现一定的神经症状,后期体温突然下降。

【诊断】羔羊腹围增大,触诊胃部有硬块,羔羊表现不同程度的腹泻,站立时拱背,浑身战抖,精神沉郁不振,体温偏低。

【预防】注意改善卫生条件,清扫圈舍,将患病羔羊置于干燥、温暖、清洁的单独圈舍里,地面铺以干燥、清洁的垫草,圈舍里的温度应保持在12℃以上。母羊补喂营养丰富的青草和豆类饲料。羔羊出生后,应在1小时内让其尽量多吃初乳。母乳不足时,可补喂其他羊的乳汁,少量多次。

【治疗】为排除胃肠内容物,可用油类或盐类缓泻剂;为促进消化可用乳酶生;为防止肠道感染,可用磺胺类药物加诺氟沙星进行治疗;对病程较长引起机体脱水的,可静脉注射5%葡萄糖氯化钠溶液,配合维生素C和能量合剂辅助治疗。

多数药物治疗往往无效,可减食或绝食1~2天,仅喂清洁饮水或配合止泻药物。再喂食饲料时,应逐渐恢复,给予易消化的米汤或乳汁。

(八)羔羊副伤寒

羔羊副伤寒的病原以都柏林沙门菌和鼠伤寒沙门菌为主。发病羔羊以急性败血症和下痢为主。

【症状】羔羊副伤寒(下痢型)多见于15~30日龄的羔羊,体温升高达40~41℃,食欲减退,腹泻,排黏性带血稀粪,有恶臭;精神委顿,虚弱,低头,拱背,继而倒地,经1~5天死亡。

【预防】发现症状后,立刻严格隔离,以免扩大传染。同时给予容易消化的奶,可以加入开水,少量多次喂给。为了增强抵抗力,可以用初乳及酸乳进行饮食预防。给予较长时间、较大量的酸乳,可以使羔羊获得足够的免疫体和维生素A,并能促进生长发育和预防肠道细菌的危害。也可以在羔羊出生后1~2小时内皮下注射母血5~10毫升进行预防。

【治疗】①大量补液。在提高疗效中非常重要。②应用磺胺类或抗生素治疗。磺胺类可用磺胺脒;抗生素可用土霉素或金霉素,口服或肌内注射,将抗生素加入输液中效果更好。至少须应用5天。③应用噬菌体治疗。口服或静脉注射,往往在第一次应用后即可见病情好转。

（九）羔羊佝偻病

羔羊佝偻病又称为小羊骨软症，俗称弯腿症，是羔羊迅速生长时期的一种慢性维生素缺乏症。其特征为钙、磷代谢紊乱，骨的形成不正常。严重时骨骼发生特殊变形。此病多发生在冬末春初季节，绵羊羔和山羊羔都可发生。

【病因】饲料中钙、磷及维生素D中任何一种的含量不足，或钙、磷比例失调，都能够影响骨的形成。因此先天性佝偻病，起因于妊娠母羊矿物质（钙、磷）或维生素D缺乏，影响了胎儿骨组织的正常发育。出生后在紫外线照射不足的情况下，使饲料本身维生素的含量降低；哺乳小羊的奶量不足，断奶后的小羊饲料太单一，钙、磷缺乏或比例失衡，或维生素D缺乏；内分泌腺（如甲状旁腺及胸腺）的机能紊乱，影响钙的代谢，均能引起羔羊佝偻病。

【症状】先天性佝偻病，羔羊生后衰弱无力，经数天仍不能自行起立。后天性佝偻病，发病缓慢，最初症状不太明显，只是食欲减退，腰部膨胀，下痢，生长缓慢。病羊行走不稳，病继续发展时，则前肢一侧或两侧发生跛行。病羊不愿起立和运动，长期躺卧，有时长期弯着腕关节站立。在发生变形以前，如果触摸和叩诊骨骼，可以发现有疼痛反应。在起立和运动时，心跳与呼吸加快。典型症状为管状骨及扁骨的形态渐次发生变化，关节肿胀，肋骨下端出现佝偻病性念珠状物。膨起部分在初期有明显疼痛。骨质发生变化的结果，表现各种状态的弯曲，足的姿势改变，呈狗熊足或短腿狗足状态。

【诊断】主要根据迅速生长的羔羊表现步态僵硬，尤其是掌骨和跖骨远端骨骺变大，有明显的疼痛性肿胀，可做出临床诊断。

【预防】改善和加强母羊的饲养管理，加强运动和放牧，应特别重视饲料中矿物质的平衡，多给青饲料，补喂骨粉，增加幼羔的日照时间。给母羊精饲料中加入骨粉和干苜蓿粉，可以防止羔羊发病。

【治疗】可用维生素A、维生素D注射液3毫升，肌内注射；精制鱼肝油3毫升灌服或肌内注射，每周2次。为了补充钙制剂，可静脉注射10%葡萄糖酸钙液5～10毫升；亦可肌内注射维丁胶性钙2毫升，每周1次，连用3次。也可喂给三仙蛋壳粉：神曲60克，焦山楂60克，麦芽60克，蛋壳粉120克，混合后每只羔羊12克，连用1周。

（十）羔羊白肌病

羔羊白肌病也称肌营养不良症，是伴有骨骼肌和心肌变性，并发生运动障碍和急性心肌坏死的一种微量元素缺乏症。常见于降水多的地区或灌溉地区，多发生于饲喂豆科牧草的羔羊、早期补饲的羔羊和高水平日粮的羔羊。常在 3~8 周龄急性发作。

【病因】缺硒、缺维生素 E 是发生本病的主要原因,与母乳中钴、铜和锰等微量元素的缺乏也有关。

【症状】首先出现在四肢肌肉,初期时可能影响到心肌而猝死。症状也常扩展到膈、舌和食管处肌肉。慢性常伴有肺水肿引发的肺炎。临床症状有后肢僵直、拱背,有时卧倒,仍思食,有哺乳或进食愿望。

【诊断】病羔精神不振,运动无力,站立困难,卧地不愿起立;有时呈现强直性痉挛状态,随即出现麻痹、血尿;死亡前昏迷,呼吸困难。死后剖检骨骼肌苍白,营养不良。

【预防】加强母羊饲养管理,供给豆科牧草,母羊产羔前补硒。在母羊怀孕期间可注射亚硒酸钠,用 0.1% 的成年母羊 1 次注射 4~6 毫升,也可配合维生素 E 同时注射,每隔 15~30 天注射 1 次,共注 2~3 次即可。含硒饲料、黄洛奇舔砖等也有效。初生后 5~7 日龄羔羊可全部进行预防性注射亚硒酸钠 1.5 毫升,隔 7 天 1 次,共注 2 次,即可起到预防作用。

【治疗】对发病羔羊应用硒制剂,如 0.2% 亚硒酸钠溶液 2 毫升,每月肌内注射 1 次,连用 2 次。与此同时,应用氯化钴 3 毫克,硫酸铜 8 毫克,氯化锰 4 毫克,碘盐 3 克,加水适量内服。如辅以维生素 E 注射液 300 毫克肌内注射,则效果更佳。

有的羔羊病初不见异常,往往于放牧时由于受到刺激后剧烈运动或过度兴奋而突然死亡。该病常呈地方性同群发病,应用其他药物治疗不能控制病情。

(十一)羔羊口炎

主要是受到机械性的、物理化学性的以及有毒物质及传染性因素的刺激、侵害和影响所致。

【症状】3~15 日龄的羔羊,时常出现口腔流涎,不肯吸吮母奶的现象,这时若检查口腔黏膜,会发现有充血斑点、小水泡状或溃疡面,说明羔羊已经得了口腔炎,如果不及时治疗,可导致羔羊消瘦、消化不良,甚至活活饿死。初期都表现为口黏膜潮红、肿胀、疼痛、口温增高、流涎等症状。临床表现主要有卡他性口炎、水疱性口炎、溃疡性口炎、真菌性口炎。

【治疗】首先消除病因,喂给柔软、营养好而容易消化的饲料。用 1% 盐水、0.2% 高锰酸钾或 2%~3% 氯酸钾洗涤口腔,然后涂抹碘甘油或甲紫,每日一次。如有溃疡,可先用 1%~2% 硫酸铜涂抹溃疡表面,然后涂抹碘甘油。

若维生素缺乏,可注射或口服维生素 B_1、维生素 B_2 或维生素 C。

对于口炎并发肺炎的,可用下列中药方以清肺热:花粉、黄芩、栀子、连翘各 30 克,黄檗、牛蒡子、木通各 15 克,大黄 24 克,芒硝 60 克。将前 8 种药共为末,加入芒硝,开水冲,每只羔羊用其 1/10。

二、常见传染病防治技术

(一)口蹄疫防治技术

口蹄疫是由口蹄疫病毒引起的以偶蹄动物为主的急性、热性、高度传染性疫病,世界动物卫生组织(OIE)将其列为必须报告的动物传染病,中国规定为一类动物疫病。

为预防、控制和扑灭口蹄疫,依据《中华人民共和国动物防疫法》《重大动物疫情应急条例》《国家突发重大动物疫情应急预案》等法律法规,制定口蹄疫防治技术规范。

【流行病学特点】偶蹄动物,包括牛科动物(牛、瘤牛、水牛、牦牛)、绵羊、山羊、猪及所有野生反刍和猪科动物均易感,驼科动物(骆驼、单峰骆驼、美洲驼、美洲骆马)易感性较低。

传染源主要为潜伏期感染及临床发病动物。感染动物呼出物、唾液、粪便、尿液、乳、精液及肉和副产品均可带毒。康复期动物可带毒。

易感动物可通过呼吸道、消化道、生殖道和伤口感染病毒,通常以直接或间接接触(飞沫等)方式传播,或通过人或犬、蝇、蜱、鸟等动物媒介,或经车辆、器具等被污染物传播。如果环境气候适宜,病毒可随风远距离传播。

【临床症状】羊跛行;唇部、舌面、齿龈、鼻镜、蹄踵、蹄叉、乳房等部位出现水疱;发病后期,水疱破溃、结痂,严重者蹄壳脱落,恢复期可见瘢痕、新生蹄甲;传播速度快,发病率高;成年动物死亡率低,幼畜常突然死亡且死亡率高。

【病理变化】消化道可见水疱、溃疡;幼畜可见骨骼肌、心肌表面出现灰白色条纹,形色酷似虎斑。

【病原学检测】间接夹心酶联免疫吸附试验,检测阳性;RT－PCR 试验,检测阳性;反向间接血凝试验(RIHA),检测阳性;病毒分离,鉴定阳性。

【血清学检测】中和试验,抗体阳性;液相阻断酶联免疫吸附试验,抗体阳性;非结构蛋白 ELISA 检测感染抗体阳性;正向间接血凝试验(IHA),抗体阳性。

【结果判定】疑似口蹄疫病例:符合该病的流行病学特点和临床诊断或病理诊断指标之一,即可定为疑似口蹄疫病例。确诊口蹄疫病例:疑似口蹄疫病例,病原学检测方法任何一项阳性,可判定为确诊口蹄疫病例;疑似口蹄疫病例,在不能获得病原学检测样本的情况下,未免疫家畜血清抗体检测阳性或免疫家畜非结构蛋白抗体 ELISA 检测阳性,可判定为确诊口蹄疫病例。

【疫情报告】任何单位和个人发现家畜上述临床异常情况的,应及时向当地动物防疫监督机构报告。动物防疫监督机构应立即按照有关规定赴现场进行核实。

【疫情处置】对疫点实施隔离、监控,禁止家畜、畜产品及有关物品移动,并对其内、外环境实施严格的消毒措施。必要时应采取封锁、扑杀等措施。

【免疫】

第一,国家对口蹄疫实行强制免疫,各级政府负责组织实施,当地动物防疫监督机构进行监督指导。免疫密度必须达到100%。

第二,预防免疫,按农业部制订的免疫方案规定的程序进行。

第三,所用疫苗必须采用农业部批准使用的产品,并由动物防疫监督机构统一组织、逐级供应。

第四,所有养殖场、养殖户必须按科学合理的免疫程序做好免疫接种,建立完整免疫档案(包括免疫登记表、免疫证、免疫标识等)。

第五,任何单位和个人不得随意处置及转运、屠宰、加工、经营、食用口蹄疫病(死)畜及产品;未经动物防疫监督机构允许,不得随意采样;不得在未经国家确认的实验室剖检分离、鉴定、保存病毒。

(二)羊痘防治技术

羊痘是一种急性接触性传染病,分布很广,群众称之为"羊天花"或"羊出花"。本病在绵羊及山羊都可发生,也能传染给人。其特征是有一定的病程,通常都是由丘疹到水疱,再到脓疱,最后结痂。绵羊易感性比山羊大,造成的经济损失很严重。除了死亡损失比山羊高以外,还由于病后恢复期较长,致使营养不良,使羊毛的品质变劣;怀孕病羊常常流产;羔羊的抵抗力较弱,死亡率更大,故应加强防治,彻底扑灭。

【流行病学特点】羊痘可发生于全年的任何季节,但以春、秋两季比较多发,传播很快。病的主要传染源是病羊,病羊呼吸道的分泌物、痘疹渗出液、脓汁、痘痂及脱落的上皮内都含有病毒,病期的任何阶段都有传染性。当健康羊和病羊直接或间接接触时,很容易受到传染。病的天然传染途径为呼吸道、消化道和受损伤的表皮。受到污染的饲料、饮水、羊毛、羊皮、草场,初愈的羊以及接触的人畜等,都能成为传播的媒介。但病愈的羊能获得终身免疫。潜伏期 2 ~ 12 天, 平均 6 ~ 8 天。

【临床症状】发痘前, 可见病羊体温升高到 41 ~ 42℃, 食欲减少, 结膜潮红, 从鼻孔流出黏性或脓性鼻涕, 呼吸和脉搏增快, 经 1 ~ 4 天后开始发痘。

发痘时, 痘疹大多发生于皮肤无毛或少毛部分, 如眼的周围、唇、鼻翼、颊、四肢和尾的内面、阴唇、乳房、阴囊及包皮上。山羊大多发生在乳房皮肤和乳头上。开始为红斑, 1 ~ 2 日形成丘疹, 突出皮肤表面, 随后丘疹逐渐增大, 变成灰白色水疱, 内含清亮的浆液。此时病羊体温下降。

在羊痘流行时, 由于个体的差异, 有的病羊呈现非典型经过, 如在形成丘疹后, 不再出现其他各期变化; 有的病羊经过很严重, 痘疹密集, 互相融合连成一片, 由于化脓菌侵入, 皮肤发生坏死或坏疽, 全身病状严重; 甚至有的病羊, 在痘疹聚集的部位或呼吸道和消化道发生出血。这些重病例多死亡。一般典型病程需 3 ~ 4 周, 冬季较春季为长。如有并发肺炎 (羔羊较多)、胃肠炎、败血症等时, 病程可延长或早期死亡。

各种不典型的症状: 只呈呼吸道及眼结膜的卡他症状, 并无痘的发生, 这是因为羊的抵抗力特别强大; 丘疹并不变成水疱, 数日内脱落而消失; 脓疱特别多, 互相融合而形成大片脓疱, 即形成融合痘; 有时水疱或脓疱内部出血, 羊的全身症状剧烈, 形成溃疡及坏死区, 称为黑痘或出血痘; 若伴发整块皮肤的坏死及脱落, 则称为坏疽痘, 此型痘通常引起死亡。

【剖检】特征性的病理变化主要见于皮肤及黏膜, 尸体腐败迅速, 在皮肤(尤其是毛少的部分)上可见到不同时期的痘疮。呼吸道黏膜有出血性炎症, 有增生性病灶, 呈灰白色, 圆形或椭圆形, 直径约 1 厘米。气管及支气管内充满混有血液的浓稠黏液。消化道黏膜亦有出血性发炎, 特别是肠道后部, 常可发现不深的溃疡, 有时也有脓疱。病势剧烈时, 前胃及真胃有水疱, 间或在瘤胃有丘疹出现。淋巴结水肿、多汁而发炎。肝脏有脂肪变性病灶。

【诊断】在典型的情况下, 可根据标准病程 (红斑、丘疹、水疱、脓疱及结痂) 确定诊断。当症状不典型时, 可用病羊的痘液接种给健羊进行诊断。区别诊断: 在液泡及结痂期间, 可能误认为是皮肤湿疹或疥癣病, 但此二病均无发热等全身症状, 而且湿疹并无传染性; 疥癣病虽能传染, 但发展很慢, 并不形成水疱和脓疱, 在镜检刮屑物时可以发现螨虫。

【防治】

第一, 平时做好羊的饲养管理, 圈要经常打扫, 保持干燥清洁, 抓好秋膘。冬春季节要适当补饲, 做好防寒过冬工作。

第二,在羊痘常发地区,每年定期预防注射羊痘鸡胚化弱毒疫苗,大小羊一律尾内或股内皮下注射0.5毫升,山羊皮下注射2毫升。

第三,当发生羊痘时,立即将病羊隔离,羊圈及管理用具等进行消毒。对尚未发病羊群,用羊痘鸡胚化弱毒苗进行紧急注射。

第四,对于绵羊痘采用自身血液疗法能刺激淋巴、循环系统及器官,特别是网状内皮系统,使其发挥更大的作用,促进组织代谢,增强机体全身及局部的反应能力。

第五,对皮肤病变酌情进行对症治疗,如用0.1%高锰酸钾洗后,涂碘甘油、紫药水。对细毛羊、羔羊,为防止继发感染,可以肌内注射青霉素80万~160万国际单位,每日1~2次,或用10%磺胺嘧啶10~20毫升,肌内注射1~3次。用痊愈血清治疗,大羊为10~20毫升,小羊为5~10毫升,皮下注射,预防量减半。用免疫血清效果更好。

(三)布鲁菌病防治技术

布鲁菌病(布氏杆菌病,简称布病)是由布鲁菌属细菌引起的人畜共患的常见传染病。中国将其列为二类动物疫病。为了预防、控制和净化布病,依据《中华人民共和国动物防疫法》及有关的法律法规,制定布鲁菌病防治技术规范。

【流行病特点】布鲁菌是一种细胞内寄生的病原菌,主要侵害动物的淋巴系统和生殖系统。病畜主要通过流产物、精液和乳汁排菌,污染环境。羊、牛、猪的易感性最强。母畜比公畜,成年畜比幼年畜发病多。在母畜中,第一次妊娠母畜发病较多。带菌动物,尤其是病畜的流产胎儿、胎衣是主要传染源。消化道、呼吸道、生殖道是主要的感染途径,也可通过损伤的皮肤、黏膜等感染。常呈地方性流行。

人主要通过皮肤、黏膜、消化道和呼吸道感染,尤其以感染羊种布鲁菌、牛种布鲁菌最为严重。

【临床症状】潜伏期一般为140~180天。最显著症状是怀孕母畜发生流产,流产后可能发生胎衣滞留和子宫内膜炎,从阴道流出污秽不洁、恶臭的分泌物。新发病的畜群流产较多,老疫区畜群发生流产的较少,但发生子宫内膜炎、乳腺炎、关节炎、胎衣滞留、久配不孕的较多。公畜往往发生睾丸炎、附睾炎或关节炎。

【病理变化】主要病变为生殖器官的炎性坏死,脾、淋巴结、肝、肾等器官形成特征性肉芽肿(布病结节)。有的可见关节炎。胎儿主要呈败血症病变,浆膜和黏膜有出血点和出血斑,皮下结缔组织发生浆液性、出血性炎症。

【疫情报告】任何单位和个人发现疑似疫情,应当及时向当地动物防疫监督机构报告。

动物防疫监督机构接到疫情报告并确认后,按《动物疫情报告管理办法》及有关规定及时上报。

【疫情处理】发现疑似疫情,畜主应限制动物移动,对疑似患病动物应立即隔离。

【预防和控制】非疫区以监测为主,稳定控制区以监测净化为主,控制区和疫区实行监测、扑杀和免疫相结合的综合防治措施。

第一,免疫接种。疫情呈地方性流行的区域,应采取免疫接种的方法。疫苗选择布病疫苗 S2 株(以下简称 S2 疫苗)、M5 株(以下简称 M5 疫苗)、S19 株(以下简称 S19 疫苗)以及经农业部批准生产的其他疫苗。

第二,无害化处理。患病动物及其流产胎儿、胎衣、排泄物、乳、乳制品等按照 GB 16548 进行无害化处理。

第三,消毒。对患病动物污染的场所、用具、物品严格进行消毒。饲养场的金属设施、设备可采取火焰、熏蒸等方式消毒;养畜场的圈舍、场地、车辆等,可选用2%氢氧化钠等有效消毒药消毒;饲养场的饲料、垫料等,可采取深埋发酵处理或焚烧处理;粪便消毒采取堆积密封发酵方式。皮毛消毒用环氧乙烷、福尔马林熏蒸等。

发生重大布病疫情时,当地县级以上人民政府应按照《重大动物疫情应急条例》有关规定,采取相应的扑灭措施。

(四)羊传染性胸膜肺炎防治技术

羊传染性胸膜肺炎是由山羊丝状支原体引起的,呈革兰阴性。病原体存在于病羊的肺脏和胸膜渗出液中,主要通过呼吸道感染。传染迅速,发病率高,在自然条件下,丝状支原体山羊亚种只感染山羊,3 岁以下的山羊最易感染,而绵羊肺炎支原体则可感染山羊和绵羊。

【流行病学特点】病羊和带菌羊是本病的主要传染源。本病常呈地方流行性;接触传染性很强,主要通过空气‒飞沫经呼吸道传染。阴雨连绵,寒冷潮湿,羊群密集、拥挤等因素,有利于空气‒飞沫传染的发生;呈地方流行;冬季流行期平均为 15 天,夏季可维持 2 个月以上。

【临床症状】以咳嗽、胸肺粘连等为特征的传染病。潜伏期 18～26 天,病初体温升高到 41～42℃,热度呈稽留型或间歇型。有肺炎症状,压迫病羊肋间隙时,病羊感觉痛苦。病的末期,常发展为肠胃炎,伴有带血的急性下痢,渴欲增加。孕羊常发生流产。

【防治】每年秋季注射 1 次胸膜肺炎疫苗;杜绝羊、人员串动;圈舍定期消毒。用沙星类药物治疗和预防有特效。

平时预防,除加强一般措施外,关键问题是防止引入或迁入病羊和带菌者。新引进羊必须隔离检疫 1 个月以上,确认健康时方可混入大群。

发病羊群应进行封锁,及时对全群进行逐头检查,对病羊、可疑病羊和假定健康羊分群隔离和治疗;对被污染的羊舍、场地、饲管用具和病羊的尸体、粪便等,应进行彻底消毒或无害处理。

三、肉羊常见细菌性猝死症防治技术

引起肉羊猝死的细菌性疾病较多,常见的有羊快疫、羊猝狙、羊肠毒血症、羊炭疽、羊黑疫、肉毒梭菌和链球菌病等。这些疾病均能引起肉羊的短期内死亡,且症状类似。

(一)羊快疫

【病原】病原体为腐败梭菌。通过消化道或伤口传染。经过消化道感染的,可引起羊快疫;经过伤口感染的,可引起恶性水肿。

【感染途径】在自然条件下,如在死于羊快疫病羊尸体污染的牧场放牧或吞食了被其污染的饲料,都可发生感染。很多降低抵抗力的因素,可致使该病发生,如寒冷、冰冻饲料、绦虫等。

【症状】该病的潜伏期只有几小时,突然发病,在 10～15 分内迅速死亡,有时可以延长到 2～12 小时。死前痉挛、鼓胀,结膜急剧充血。常见的现象是羔羊当天表现正常,第二天早晨却发现死亡;其发病症状主要表现为体温升高,食欲废绝,离群静卧,磨牙,呼吸困难,甚至发生昏迷,天然无绒毛部位有红色渗出液,头、喉、舌等部黏膜肿胀,呈蓝紫色,口腔流出带血泡沫,有时发生带血下痢,常有不安、兴奋、突跃式运动或其他神经症状。

【治疗】磺胺类药物及青霉素均有疗效,但由于病期短促,生产中很难生效。

【预防】每年定期应用羊快疫、羊猝狙、羊肠毒血症、羔羊痢疾四联苗预防注射。

羊群中一旦发病,立即将病羊隔离,并给发病羊群全部灌服 0.5% 高锰酸钾溶液 250 毫升或 1% 硫酸铜溶液 80～100 毫升,同时进行紧急接种。

病死羊尸体、粪便和污染的泥土一起深埋,以断绝污染土壤和水源的机会。圈舍用3%氢氧化钠彻底消毒。也可以用20%漂白粉消毒。

（二）羊猝狙

【病原】本病是由 C 型魏氏梭菌引起的一种毒血症。

【症状】以急性死亡、腹膜炎和溃疡性肠炎为特征，十二指肠和空肠黏膜严重充血糜烂，个别区段有大小不等的溃疡灶。常在死后 8 小时内，由于细菌的增殖，于骨骼肌肌间积聚有血样液体，出现肌肉出血，有气性裂孔。以 1～2 岁的绵羊发病较多。

【诊断】本病的流行特点、症状与羊快疫相似，这两种病常混合发生。诊断主要靠肠内容物毒素种类的检查和细菌的定型，其方法见肠毒血症的诊断。

【预防和治疗】同羊快疫和羊肠毒血症。

（三）羊肠毒血症

【病原】羊肠毒血症是魏氏梭菌产生毒素所引起的绵羊急性传染病。

【感染途径】本菌常见于土壤中，通过口腔进入胃肠道，在真胃和小肠内大量繁殖，产生大量毒素。毒素被机体吸收后，可使羊体发生中毒而引起发病。

【症状】以发病急、死亡快、死后肾脏多见软化为特征，又称软肾病、类快疫。

最急性病羊死亡很快。个别呈现疝痛症状，步态不稳，呼吸困难，有时磨牙，流涎，短时间内倒地死亡。急性的表现为，病羊食欲消失，下痢，粪便恶臭，带有血液及黏液，意识不清，常呈昏迷状态，经过 1～3 天死亡。有的可能延长，其表现特点有时兴奋，有时沉郁，黏膜有黄疸或贫血。这种情况，虽然可能痊愈，但大多数已失去经济利用价值。

【诊断】病的诊断以流行病学、临床症状和病例剖检为基础，注意个别羔羊突然死亡。剖检见心包扩大，肾脏变软或呈乳糜状。但最根本的方法是细菌学检查。

【预防和治疗】同羊快疫。

（四）炭疽

【病原】该病是由炭疽杆菌引起的传染病，常呈败血性。

【症状】潜伏期 1～5 天。根据病程，可分为最急性型、急性型、亚急性型。

最急性型：突然昏迷、倒地，呼吸困难，黏膜青紫色，天然孔出血。病程为数分至几小时。

急性型：体温达 42℃，少食，呼吸加快，反刍停止，孕羊可流产。病情严重时,惊恐、哞叫,后变得沉郁,呼吸困难,肌肉震颤,步态不稳,黏膜青紫。初便秘,后可腹泻、便血,有血尿。天然孔出血,抽搐痉挛。病程一般1~2天。

亚急性型:在皮肤、直肠或口腔黏膜出现局部的炎性水肿,初期硬,有热痛,后变冷而无痛。病程为数天至1周以上。

【预防】经常发生炭疽的地区,应进行预防注射。未发生过本病的地区在引进羊时要严格检疫,不要买进病羊。尸体要焚烧、深埋,严禁食用;对病羊污染环境可用20%漂白粉彻底消毒。疫区应封锁,疫情完全消灭后14天才能解除。

(五)羊黑疫

羊黑疫又称传染性坏死性肝炎,是一种急性高度致死性毒血症。

【发病特点】以2~4岁、营养好的绵羊多发,山羊也可发生。主要发生于低洼潮湿地区,以春、夏季多发。

【症状】临床症状与羊肠毒血症、羊快疫等极其相似,症程短促。病程长的病例1~2天。常食欲废绝,反刍停止,精神不振,放牧掉群,呼吸急促,体温41℃左右,昏睡俯卧而死。

【防治】病程稍缓病羊,肌内注射青霉素80万~160万国际单位,1天2次。也可静脉或肌内注射抗诺维氏梭菌血清,一次50~80毫升,连续用1~2次。

控制肝片吸虫的感染,定期注射羊厌氧菌病五联苗,皮下或肌内注射5毫升。发病时一般圈至高燥处,也可用抗诺维氏梭菌血清早期预防,皮下或肌内注射10~15毫升,必要时重复1次。

(六)肉毒梭菌中毒

【病因】肉毒梭菌存在于家畜尸体内和被污染的草料中,该菌在适宜的条件下(潮湿、厌氧,18~37℃)能够繁殖,产生外毒素。羊吞食了含有毒素的草料或尸体后,即会引起中毒。

【症状】中毒后一般表现为吞咽困难,卧地不起,头向侧弯,颈、腹部和大腿肌肉松弛。一般体温正常,多数1天内死亡。最急性的,不表现任何症状,突然死亡。慢性的,继发肺炎,消瘦死亡。

【防治】不用腐败发霉的饲料喂羊,清除牧场、羊舍和周围的垃圾、尸体。定期注射预防类毒素。注射肉毒梭菌抗毒素6万~10万国际单位,投服泻剂清理肠胃,配合对症治疗。

（七）羊链球菌病

【病原】病原体为 C 型溶血性链球菌。多经呼吸道感染。当天气寒冷，饲料不好时容易发病，在牧草青黄不接时最容易发病和死亡。新发地区多呈流行性，常发地区则呈地方流行性或散发性。

【症状】病程短，最急性病例 24 小时内死亡，一般为 2～3 天。病初体温高达 41℃以上；结膜充血，有脓性分泌物；鼻孔有浆液、黏液脓性鼻汁；有时唇舌肿胀流涎，并混有泡沫；颈下淋巴结肿大，咽喉肿胀，呼吸急促，心跳加快；排软便，带黏液或血；最后衰竭卧地不起。

【诊断】根据发病季节、症状和剖检，可以做出初步诊断。细菌学检查具有确诊意义。

【防治】加强饲养管理，保证羊体健壮。每年秋季做疫苗注射。圈舍定期消毒。治疗可用青霉素、磺胺类。

（八）羊快疫、羊猝疽、羊肠毒血症、羊炭疽区分

羊快疫病原体为腐败梭菌，羊猝疽病原体为 C 型魏氏梭菌，羊肠毒血症病原体为 D 型魏氏梭菌，炭疽病原为炭疽杆菌。这些传染病羊易感，对养羊业危害较大，并且症状有些相似，应注意鉴别（表 6-7）。

表 6-7　羊快疫、羊猝疽、羊肠毒血症、羊炭疽的鉴别

鉴别要点	羊快疫	羊肠毒血症	羊猝疽	羊炭疽
发病年龄	6～18 个月	2～12 个月	1～2 岁	成年羊
营养状况	膘轻好者多发	膘轻好者多发	膘轻好者多发	营养不良多发
发病季节	秋季和早春多发	春夏之交和秋季多发	冬、春多发	夏、秋多发
发病诱因	气候骤变	精料等过食	多见阴洼沼泽地区	气温高、雨水多，吸虫、昆虫活跃
高血糖和尿糖	无	有	无	无
胸腺出血	无	有	无	—
真胃出血性炎	很显著、弥漫性、斑块状	不特征	轻微	较显著、小点状
小肠溃疡性炎	无	无	有	无
骨骼肌气肿出血	无	无	死后 8 小时出现	无

肉羊标准化安全生产关键技术

鉴别要点	羊快疫	羊肠毒血症	羊猝疽	羊炭疽
肾脏软化	少有	死亡时间较久者多见	少有	一般无
急性脾肿	无	无	无	有
抹片检查	肝被膜触片常有无关节长丝状的腐败梭菌	血液和脏器组织一般不见细菌	体腔渗出液和脾脏抹片中可见 C 型魏氏梭菌	血液和脏器涂片见有荚膜的炭疽杆菌

四、结核类疾病防治技术

(一)山羊结核

【病原】病原为结核杆菌。结核杆菌分为 3 型,即人型、牛型和禽型。这 3 种细菌是同一种微生物的变种,是由于长期分别生存于不同机体而适应的结果。结核杆菌对于干燥、腐败作用和一般消毒药的耐受性很强,日光和高温容易杀死本菌,日光照射半小时到两小时死亡,煮沸时 5 分以内即死亡。

【传染途径】这 3 型杆菌均可感染人畜。主要通过呼吸道和消化道感染。病羊或其他病畜的唾液、粪尿、奶、泌尿生殖道分泌物及体表溃疡分泌物中都含有结核杆菌。结核杆菌进入呼吸道或消化道即可感染。

【症状】山羊结核病症状不明显,一般为慢性经过。轻度感染的病羊没有临床症状,病重时食欲减退,全身消瘦,皮毛干燥,精神不振。常排出黄色稠鼻涕,甚至含有血丝,呼吸带痰音,发生湿性咳嗽。病的后期表现贫血,呼气带臭味,磨牙,喜好吃土。体温升高到 40～41℃。

【诊断】主要通过结核菌素点眼和皮内注射试验。

【防治】主要通过检疫,阳性扑杀,使羊群净化。对有价值的种羊须治疗时,可采用链霉素、异烟肼(雷米封)、对氨水杨酸钠或盐酸黄连素治疗。

(二)羊副结核病

【病因】副结核病又称副结核性肠炎、稀屎痨,是牛、绵羊、山羊的一种慢性接触性传染病,分布广泛。在青黄不接、草料供应不上、羊体质不良时,发病率上升。转入青草期,病羊症状减轻,病情大见好转。

【发病特点】副结核分枝杆菌主要存在于病畜的肠道黏膜和肠系膜淋巴结,通过粪便排出,污染饲料、饮水等,经消化道感染健康家畜。幼龄羊的易感

123

性较大,大多在幼龄时感染,经过很长的潜伏期,到成年时才出现临床症状,特别是由于机体的抵抗力减弱,饲料中缺乏无机盐和维生素,容易发病,呈散发或地方性流行。

【症状】病羊腹泻反复发生,稀便呈卵黄色、黑褐色,带有腥臭味或恶臭味,并带有气泡。开始为间歇性腹泻,逐渐变为经常性而又顽固的腹泻,后期呈喷射状排出。有的母羊泌乳少,颜面及下颌部水肿,腹泻不止,最后消瘦骨立,衰竭而死。病程长短不一,病程 4～5 天,长的可达 70 多天,一般是 15～20 天。

【防治】对疫场(或疫群)可采用以提纯副结核菌素变态反应为主要检疫手段,每年检疫 4 次,凡变态反应阳性而无临床症状的羊,应立即隔离,并定期消毒;无临床症状但粪便检菌阳性或补给阳性者均扑杀。非疫区(场)应加强卫生措施,引进种羊应隔离检疫,无病才能入群。

(三)山羊伪结核

【病原】病原为假结核棒状杆菌或啮齿类假结核杆菌。不能形成芽孢,容易被杀死,在土壤中不能长期存活,但圈舍的环境有利于本菌的繁殖,因此羊群易发本病。

【传染途径】主要通过伤口传染,尤其是在梳绒剪毛时易发,此外如脐带伤、打耳标等,都可成为细菌侵入的途径。

【症状】最常患病的部位在肩前、股前及头颈部的淋巴结。淋巴结肿胀,内含黄色的豆渣样物。有时发生在睾丸。当肺部患病时,引起慢性咳嗽,呼吸快而费力,咳嗽痛苦,鼻孔流出黏液或脓性黏液。

【诊断】主要根据特殊病灶做出诊断。

【预防】因为该病主要通过伤口感染,所以伤口要严格消毒,梳绒剪毛时受伤机会最大,对有病灶的羊最后梳剪,用具要经常消毒。处理假结核脓肿时,脓汁要消毒处理。

【治疗】外部脓肿切开排脓。在切开脓肿时,间或可能使病原入血,引起其他部分脓肿,但待自行破裂又容易造成脓肿乱散而扩大传染,所以最好是在即将破裂之前人工切开。破裂之前表现为脓肿显著变软,表面被毛脱落,局部皮肤发红。切开排脓清洗后,塞入吸有碘酒的纱布,一般 1 周即可痊愈。对内脏患病而出现全身症状者,一般治疗无效。

五、病毒性疾病防治技术

（一）蓝舌病

【病原】病原为蓝舌病病毒,病毒抵抗力很强,在50%甘油中可存活多年,对3%氢氧化钠溶液很敏感。已知本病毒有多种血清型,各型之间无交互免疫力。

【传染途径】绵羊易感,牛和山羊的易感性较低。病的发生具有严格的季节性。主要由各种库蠓昆虫传播。本病的分布与这些昆虫的分布、习性和生活史密切相关。多发生于湿热的夏季和早秋,特别多见于池塘河流多的低洼地区。在流行地区的牛也可能是急性感染或为带毒牛。对本病来说,牛是宿主,库蠓是传播媒介,而绵羊是临床症状表现最严重的动物。

【症状】潜伏期为3~8天,病初体温升高达40.5~41.5℃,稽留热5~6天。表现厌食、委顿、流涎,口唇水肿延到面部和耳部,甚至颈部和腹部。口腔黏膜充血,后发绀,呈青紫色。在发热几天后,口腔连同唇、根、颊、舌黏膜糜烂,致使吞咽困难;随着病的发展,在溃疡损伤部位渗出血液,唾液呈红色,口腔发臭。鼻流炎性、黏液性分泌物,鼻孔周围结痂。有时蹄冠、蹄叶发生炎症,触之敏感,呈不同程度跛行,甚至膝行或卧地不动。病羊消瘦、衰弱,有的便秘或腹泻,有时下痢带血,早期有白细胞减少症。病程一般为6~14天,发病率一般为30%~40%,病死率2%~3%,有时高达90%,患病不死的经10~15天症状消失,6~8周后蹄部也恢复。怀孕4~8周的母羊遭受感染时,其分娩的羔羊约有20%发育缺陷,如脑积水、小脑发育不足、回沟过多等。

【诊断】根据典型症状和病变可以做临床诊断,也可进行血清学诊断,方法有补体结合试验、中和试验、琼脂扩散试验、直接和间接荧光抗体技术、酶标记抗体法、核酸电泳分析与核酸探针检验等,其中以琼脂扩散试验较为常用。

【防治】对病畜要精心护理,给以易消化的饲料,每天用温和的消毒液冲洗口腔和蹄部,必须注意病畜的营养状态。预防继发感染可用磺胺药或抗生素,有条件的地区或单位,发现病畜或分离出病毒的阳性畜予以扑杀;血清学阳性畜,要定期复检,限制其流动,就地饲养使用,不能留作种用。

（二）羊口疮(图6-1)

【病原】病原为滤过性口疮病毒,其形态与羊痘病毒相似。病痂内的病毒在炎热的夏季经过30~60天即失去传染力,但在秋冬季节散播在土壤里的病毒,到第二年春季仍有传染性。

【传染途径】主要传染源是病羊,通过接触传染,也可经污染的羊舍、草场、草料、饮水和用具等感染。传染的门户是损伤的皮肤和黏膜。

【症状】主要发生于两侧口角部、上下唇的内外面、齿跟、舌尖表面等处，少数见于鼻孔及眼部。病初口角或上下唇的内外侧充血，出现散在的红疹。以后红疹数目逐渐增加，患部肿大，并形成脓疱。经2～4日，红疹全部变为脓疱。脓疱迅速破裂，形成无皮的溃疡，以后形成一层灰褐色痂块。痂块逐渐增大，结成黑色赘庞状的痂块，摸起来极为坚硬。如剥除痂块，疮面凹凸不平，容易出血。延及舌面、齿跟的病变，常常烂成一片，但不经过结痂过程。

图6-1 羊口疮

【诊断】羔羊发病率高而严重，传染迅速。患病局限于唇部的为多数。病变特点是形成网状结痂，痂块下的组织增生呈桑葚状。

【预防】定期注射口疮疫苗。用0.1%高锰酸钾清洗，10～15天即可痊愈。

（三）羊衣原体病

衣原体病是由鹦鹉热衣原体引起羊、牛等多种动物的传染病。临诊病理特征为流产、肺炎、肠炎、多发性关节炎和脑炎。

【病因】鹦鹉热衣原体属于衣原体科衣原体属，革兰染色阴性。生活周期中各期形态不同，染色反应亦异。姬姆萨法染色，形态较小、具有传染性的原生小体被染成紫色，形态较大、无传染性的繁殖性初体被染成蓝色。受感染的细胞内可查见各种形态的包涵体，主要由原生小体组成，对疾病诊断有特异性。衣原体在一般培养基上不能繁殖，常能够在鸡胚和组织培养中增殖。小鼠和豚鼠具有易感性。鹦鹉热衣原体抵抗力不强，对热敏感，感染鸡胚卵黄囊中的衣原体在−20℃可保存数年。0.1%福尔马林、0.5%石炭酸、70%酒精、

肉羊标准化安全生产关键技术

3%氢氧化钠均能将其灭活。衣原体对青霉素、四环素、氯霉素、红霉素等抗生素敏感,而对链霉素有抵抗力。对磺胺类药物,沙眼衣原体敏感,而鹦鹉热衣原体则有抗药性。

【流行病学】鹦鹉热衣原体可感染多种动物,但常为隐性经过。家畜中以羊、牛较为易感,禽类感染后称为"鹦鹉热"或"鸟疫"。许多野生动物和禽类是本菌的自然宿主。患病动物和带菌动物为主要传染源,可通过粪便、尿液、乳汁、泪液、鼻分泌物以及流产的胎衣、羊水排出病原体,污染水源、饲料及环境。本病主要经呼吸道、消化道及损伤的皮肤、黏膜感染。也可通过交配或用患病公畜的精液人工授精而感染,子宫内感染也有可能。蜱、螨等吸血昆虫叮咬也可能传播本病。本病一般呈散发性或地方性流行。密集饲养、营养缺乏、长途运输或迁徙、寄生虫侵袭等应激因素可促进本病的发生、流行。

【临床症状】临诊上羊常表现以下几种类型:

流产型:流产多发生于孕期最后一个月,病羊流产、死产和产出弱羔,胎衣往往滞留,排流产分泌物可达数日之久。流产过的母羊一般不再流产。

关节炎型:主要发生于羔羊,引起多发性关节炎。病羔体温升至41~42℃,食欲丧失,离群,肌肉僵硬、疼痛,一肢或四肢跛行,有的则长期侧卧,体重减轻,并伴有滤泡性结膜炎,病程2~4周。羔羊痊愈后对再感染有免疫力。

结膜炎型:结膜炎主要发生于绵羊特别是羔羊。病羊单眼或双眼均可发生,病眼流泪,结膜充血、水肿,角膜混浊,有的出现血管翳,甚至糜烂、溃疡或穿孔,一般经2~4天开始愈合。数日后,在瞬膜和眼睑上形成1~10毫米的淋巴样滤泡。部分病羔发生关节炎、跛行。病程一般6~10天或数周。

【病理变化】流产型:流产动物胎膜水肿、增厚;胎盘子叶出血,坏死流产胎儿苍白,贫血,皮下水肿,皮肤和黏膜有点状出血,肝脏充血。组织学检查,胎儿肝、肺、肾、心肌和骨骼肌有弥漫性和局灶性网状内皮细胞增生。关节炎型:关节囊扩张,发生纤维素性滑膜炎。关节囊内集聚有炎性渗出物,滑膜附有疏松的纤维素性絮片。患病数周的关节滑膜层由于绒毛样增生而变粗糙。结膜炎型:眼观病变和临床所见相同,组织学变化限于结膜囊和角膜,疾病早期,结膜上皮细胞的胞浆里先出现衣原体的繁殖型初体,然后可见感染型原生小体,滤泡内淋巴细胞增生。

【疾病诊断】①病料采集:采集血液、脾脏、肺脏和气管分泌物、肠黏膜及肠内容物、流产胎儿及流产分泌物、关节滑液、脑脊髓组织等作为病料。②染色镜检:病料涂片或感染鸡胚多日黄液抹片,姬姆萨氏法染色镜检,可发现圆形或卵圆形的病原颗粒,革兰染色阴性。③分离培养:将病料悬液0.2毫升接种于孵化5~7天的鸡胚卵黄囊内,感染鸡胚常于5~12天死亡,胚胎或卵黄囊表现充血、出血。取卵黄囊抹片镜检,可发现大量原生小体。有些衣原体菌株则需盲传几代,方能检出原生小体。④动物接种试验:经脑内、鼻腔或腹腔途径将病料接种于SPF小鼠或豚鼠,进行衣原体的增殖和分离。

血清学试验补体结合试验、中和试验、免疫荧光试验等均可用于本病的诊断。本病的症状与布氏杆菌病、弯曲菌病、沙门菌病等疾病相似,如欲鉴别,可采用病原学检查和血清学试验。

【治疗】治疗可肌内注射氯霉素,20~40毫克/千克体重,每天1次,连用1周;或肌内注射青霉素,每次160万~320万国际单位,1天2次,连用3天。也可将四环素族抗生素混于饲料,连用1~2周。

【预防】加强饲养、卫生管理,消除各种诱发因素,防止寄生虫侵袭,避免羊群与鸟类接触,杜绝病原体传入。国内外已研制出用于绵羊、山羊的衣原体疫苗,可用做免疫接种。发生本病时,流产母畜及其所产羔羊应及时隔离。流产胎盘及排出物应予销毁。污染的圈舍、场地等环境用2%氢氧化钠溶液或2%来苏儿溶液进行彻底消毒。

六、肉羊产科病防治技术

(一)流产

流产又称为妊娠中断,是指由于胎儿或母体的生理过程发生紊乱,或它们之间的正常关系受到破坏,而导致的妊娠中断。

【病因及分类】流产的类型极为复杂,可以概括分为3类,即传染性流产、寄生虫性流产和普通流产(非传染性流产或散发性流产)。

传染性和寄生虫性流产:传染性和寄生虫性流产主要是由布氏杆菌、沙门菌、绵羊胎儿弯曲菌、衣原体、支原体、边界病及寄生虫等传染病引起的流产。这些传染病往往是侵害胎盘及胎儿引起自发性流产,或以流产作为一种症状,而发生症状性流产。

普通流产(非传染性流产):又分自发性流产和症状性流产。自发性流产主要是胚胎或胎盘胎膜异常导致的流产,是由内因引起;症状性流产主要是由于饲养管理不当,损伤及医疗错误引起的流产,属于外因造成的流产。

【诊断】引起流产的原因是多种多样的,各种流产的症状也有所不同。除了个别病例的流产在刚一出现症状时可以试行抑制以外,大多数流产一旦有所表现,往往无法阻止。尤其是群牧羊,流产常常是成批的,损失严重。因此在发生流产时,除了采用适当治疗方法,以保证母羊及其生殖道的健康以外,还应对整个畜群的情况进行详细调查分析,观察排出的胎儿及胎膜,必要时采样进行实验室检查,尽量做出确切的诊断,然后提出有效的具体预防措施。

调查材料应包括饲养放牧条件及制度(确定是否为饲养性流产);管理及生产情况,是否受过伤害、惊吓,流产发生的季节及天气变化(损伤性及管理性流产);母羊是否发生过普通病,畜群中是否出现过传染性及寄生虫性疾病;治疗情况如何,流产时的妊娠月份,母羊的流产是否带有习惯性等。

对排出的胎儿及胎膜,要进行细致观察,注意有无病理变化及发育反常。在普通流产中,自发性流产表现有胎膜上的反常及胎儿畸形;霉菌中毒可以使羊膜发生水肿、皮革样坏死,胎盘也水肿、坏死并增大。由于饲养管理不当、损伤及母羊疾病、医疗事故引起的流产,一般都看不到明显变化。有时正常出生的胎儿,胎膜上出现有钙化斑等异常变化。

传染性及寄生虫性的因素引起的流产,胎膜及(或)胎儿常有病理变化。例如因布氏杆菌病引起流产的胎膜及胎盘上常有棕黄色黏脓性分泌物,胎盘坏死、出血,羊膜水肿并有皮革样的坏死区;胎儿水肿,胸腹腔内有淡红色的浆液等。上述流产后常发生胎衣不下。具有这些病理变化时,应将胎儿(不要打开,以免污染)、胎膜以及子宫或阴道分泌物送实验室诊断检验,有条件时应对母羊进行血清学检查。症状性流产,则胎膜及胎儿没有明显的病理变化。对于传染性的自发性流产,应将母羊的后躯及所污染的地方彻底消毒,并将母羊隔离饲养。

【预防】加强饲养管理,增强母羊营养,除去容易造成母羊流产的因素是预防的关键。当发现母羊有流产预兆时,应及时采取制止阵缩及努责的措施,可注射镇静药物,如苯巴比妥、水合氯醛、黄体酮等进行保胎。用疫苗进行免疫,特别是可引起流产的传染病疫苗。

制订一个生物安全方案,引进的羊群在归群之前,隔离 1 个月;维持好的身体状况,提供充足的饲料,高质量的维生素矿物质盐混合物,储备一些能量和蛋白质,以备紧急情况下使用;在流行地区分娩前 4 个月和 2 个月分别免疫衣原体和弧菌病(可能还有其他疾病),如果以前免疫过,免疫一次即可;怀孕期间,饲喂四环素(200～400 毫克/天),将药物混在矿物质混合物中。

避免与牛和猪接触,饲料和饮水不能被粪尿污染,不要将饲料放到地上,减少鼠、鸟和猫的数量。发生流产后,立即将胎儿的样品(包括胎盘)送往诊断实验室诊断。将出产的羔羊和买来的母羊与其他羊分开饲养。发生流产后立即做出反应(诊断、处理流产组织,隔离流产母羊,治疗其他羊),使羊群尽量生活在一个干净、应激少、宽松的环境。

【治疗】首先应确定造成流产的原因以及能否继续妊娠,再根据症状确定治疗方案。

(1)先兆流产　孕羊出现腹痛、起卧不安、呼吸脉搏加快等临床症状,即可能发生流产。处理的原则为安胎,使用抑制子宫收缩药,为此可采用如下措施:

肌内注射黄体酮。10～30毫克,每天或隔天1次,连用数次。为防止习惯性流产,也可在妊娠的一定时间使用黄体酮。还可注射1%硫酸阿托品1～2毫升。

同时,要给以镇静剂,如溴剂等。此时禁止进行阴道检查,以免刺激母羊。

如经上述处理,病情仍未稳定下来,阴道排出物继续增多,起卧不安加剧,即进行阴道检查。如子宫颈口已经开放,胎囊已进入阴道或已破水,流产已难避免,应尽快促使子宫排出内容物,以免死亡胎儿腐败引起母羊子宫内膜炎,影响以后繁殖性能。

如子宫颈口已经开大,可用手将胎儿拉出。流产时,胎儿的位置及姿势往往反常,如胎儿已经死亡,矫正遇有困难,可以行使截胎术。如子宫颈口开张不大,手不易伸入,可参考人工引产中所介绍的方法,促使子宫颈开放,并刺激子宫收缩。对于早产胎儿,如有吮乳反射,可尽量加以挽救,帮助吮乳或人工喂奶,并注意保暖。

(2)延期流产　如胎儿发生干尸化,可先用前列腺素或类似物制剂,前列腺素肌内注射0.5毫克或氯前列烯醇肌内注射0.1毫克;继之或同时应用雌激素,溶解黄体并促使子宫颈扩张。同时因为产道干涩,应在子宫及产道内涂以润滑剂,以便子宫内容物易于排出。

对于干尸化胎儿,由于胎儿头颈及四肢蜷缩在一起,且子宫颈开放不大,必须用一定力量或预先截胎才能将胎儿取出。

如胎儿浸溶,软组织已基本液化,须尽可能将胎骨逐块取净。分离骨骼有困难时,须根据情况先将它破坏后再取出。操作过程中,术者须防止自己受到感染。

取出干尸化及浸溶胎儿后,因为子宫中留有胎儿的分解组织,必须用消毒液或5%～10%盐水等冲洗子宫,并注射子宫收缩药,促使液体排出。对于胎儿浸溶,因为有严重的子宫炎及全身变化,必须在子宫内放入抗生素,并须特

肉羊标准化安全生产关键技术

别重视全身抗生素治疗,以免造成不育。

(二)难产

【病因及分类】难产的发病原因比较复杂,基本上可以分为普通病因和直接病因两大类。普通病因指通过影响母体或胎儿而使正常的分娩过程受阻。引起难产的普通病因主要包括遗传因素、环境因素、内分泌因素、饲养管理因素、传染性因素及外伤因素等。直接病因指直接影响分娩过程的因素。由于分娩的正常与否主要取决于产力、产道及胎儿3个方面,因此难产按其直接原因可以分为产力性难产、产道性难产及胎儿性难产3类,其中前两类又可合称为母体性难产。

【助产的基本原则】在手术助产时,必须重视以下基本原则。

(1)及早发现,果断处理 当发现难产时,应及早采取助产措施。助产越早,效果越好。难产病例均应做急诊处理,手术助产越早越好,尤其是剖腹产术。

(2)术前检查,拟订方案 术前检查必须周密细致,根据检查结果,结合设备条件,慎重考虑手术方案的每个步骤及相应的保定、麻醉等,通常的保定是使母羊成为前低后高或仰卧(有时)姿势,把胎儿推回子宫内进行矫正,以便利操作。

(3)根据具体情况决定助产方式 如果胎膜未破,最好不要弄破胎膜进行助产。如胎儿的姿势、方向、位置复杂时,就需要将胎膜穿破,及时进行助产。如胎膜破裂时间较长,产道变干,就需要注入石蜡油或其他油类,以利于助产手术的进行。

(4)注意尽量保护母羊生殖道受到最小损伤 将刀子、钩子等尖锐器械带入产道时,必须用手保护好,以免损伤产道。进行手术助产时,所有助产动作都不要过于粗鲁。一般来说,只要不是胎儿过大或母体过度疲乏,仅仅需要将胎儿向内推,校正反常部分,即可自然产出。如果需要人力拉出,也应缓缓用力,使胎儿的拉出和自然产出一样。同时,重视发挥集体力量。

【助产准备】

(1)术前检查 询问羊分娩的时间,是初产或经产,看胎膜是否破裂,有无羊水流出,检查全身状况。

(2)保定母羊 一般使羊侧卧,保持安静,前躯低、后躯稍高,以便于矫正胎位。

(3)消毒 对手臂、助产用具进行消毒;对阴户外周,用1:5 000的新洁尔灭溶液进行清洗。

（4）产道检查 注意产道有无水肿、损伤、感染，产道表面干燥和湿润状态。

（5）胎位、胎儿检查 确定胎位是否正常，判断胎儿死活。胎儿正产时，手入阴道可触到胎儿嘴巴、两前肢、两前肢中间挟着胎儿的头部；当胎儿倒生时，手入产道可发现胎儿尾巴、臀部、后路及脐动脉。以手指压迫胎儿，如有反应表示尚还存活。

（6）助产的方法 常见难产部位有头颈侧弯、头颈下弯、前肢腕关节屈曲、肩关节屈曲、肘关节屈曲、胎儿下位、胎儿横向和胎儿过大等；可按不同的异常产位将其矫正，然后将胎儿拉出产道。多胎羊，应注意怀羔数目，在助产中认真检查，直至将全部胎儿助产完毕，方可将母羊归群(图6-2)。

图6-2 羊的助产

（7）剖腹产 子宫颈扩张不全或子宫颈闭锁，胎儿不能产出，或骨骼变形，致使骨盆腔狭窄，胎儿不能正常通过产道，在此情况下，可进行剖腹产术，急救胎儿，保护母羊安全。

（8）阵缩及努责微弱的处理 可皮下注射垂体后叶素、麦角碱注射液1~2毫升。必须注意，麦角制剂只限于子宫颈完全开张，胎势、胎位及胎向正常时使用，否则易引起子宫破裂。

羊怀双羔时，可遇到双羔同时各将一肢伸出产道，形成交叉的情况。由此形成的难产，应分清情况，可触摸腕关节确定前肢，触摸跗关节确定后肢。确定难产羔羊体位后，可将一只羔羊的肢体推回腹腔，先整顺一只羔羊的肢体，将其拉出产道，随后再将另一只羔羊的肢体整顺拉出。切忌将两只羔羊的不同肢体,误认为同一只羔羊的肢体,施行助产。

(三)剖腹产(图6-3)

剖腹产术是在发生难产时,切开腹壁及子宫壁面从切口取出胎儿的手术。必要时山羊和绵羊均可施行此术。如果母羊全身情况良好,手术及时,则有可能同时救活母羊和胎儿。

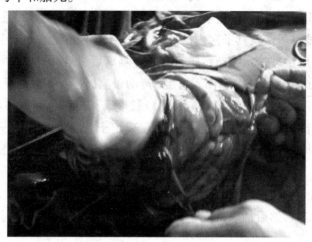

图6-3 羊的剖腹产

【适应证】剖腹产术主要在发生以下情况时采用:无法纠正的子宫扭转,子宫颈管狭窄或闭锁,产道内有妨碍截胎的赘瘤或骨盆因骨折而变形,骨盆狭窄(手无法伸入)及胎位异常等情况。

有腹膜炎、子宫炎和子宫内有腐败胎儿,母羊因为难产时间长久而十分衰竭时,严禁进行剖腹产。

(1)术前准备 在右肷部手术区域(由髋结节到肋骨弓处)剪毛、剃光,然后用温肥皂水洗净擦干。保定消毒,使羊卧于左侧保定,用碘酒消毒皮肤,然后盖上手术巾,准备施行手术。麻醉,可以采用合并麻醉或电针麻醉。合并麻醉是口服酒精做全身麻醉,同时对术区进行局部麻醉。口服的酒精应稀释成40%,每10千克体重按35~40毫升计算(也可用白酒,用量相同)。局部麻醉是用0.5%的普鲁卡因沿切口做浸润麻醉,用量根据需要而定。电针麻醉,取穴百会及六脉。百会接阳极,六脉接阴极。诱导时间为20~40分。针感表现是腰臀肌颤动,肋间肌收缩。

(2)手术过程

1)开腹 沿腹内斜肌纤维的方向切开腹壁。切口应距离髋结节10~12

厘米。在切开线上的血管用钳夹法和结扎法进行止血。显露腹腔后,术者手经切口伸入腹腔内,探查胎儿的位置及与切口最近的部位,以确定子宫切开的方法。

2)显露子宫 术者手经切口向骨盆方向入手,找到大网膜的网膜上隐窝,用手拉着网膜及其网膜上隐窝内的肠管,向切口的前方牵引,使网膜及肠管移入切口前方,并用生理盐水纱布隔离,以防网膜和肠管向后复位,此时切口内可充分显露子宫及其子宫内的胎儿。当网膜不能向前方牵引时,可将大网膜切开,再用生理盐水纱布将肠管向前方隔离后,显露子宫。

3)切开子宫 术者将手伸入腹腔,转动子宫,使孕角的大弯靠近腹壁切口。然后切开子宫角,并用剪刀扩大切口长度。切开子宫角时,应特别注意,不可损伤子叶和到子叶去的大血管。为了确定子叶的位置,在切开子宫时,要始终用手指伸入子宫来触诊子叶。对于出血很多的大血管,要用肠线缝合或结扎。

4)吸出胎水 在术部铺一层消毒的手术巾,以钳子夹住胎膜,在上面切一个很小的切口,然后插入橡皮管,通过橡皮管用橡皮球或大注射器吸出羊水和尿水。

5)拉出胎儿 待羊水放完后,术者手伸入子宫腔内,抓住胎儿的肢体,缓慢地向子宫切口外拉出,拉出胎儿需术者与助手相互配合好,严防在拉出胎儿时导致子宫壁的撕裂,严防肠管脱出腹腔外。在胎儿从子宫内拉出的瞬间,告诉在场的人员用两手掌压迫右腹部以增大腹内压,以防胎儿拉出后由于腹内压的突然降低而引起脑贫血、虚脱等意外情况的发生。

对于拉出的胎儿,首先要除去口、鼻内的黏液,擦干皮肤。看到发生几次深吸气以后,再结扎和剪断脐带。假如没有呼吸反射,应该在结扎以前用手指压迫脐带,直到脐带的脉搏停止为止。此法配合按压胸部和摩擦皮肤,通常可以引起吸气。在出现吸气之后,剪断脐带,交给其他助手进行处理。

6)剥离胎衣 在取出胎儿以后,应进行胎衣剥离。剥离往往需要费很多时间,颇为麻烦。但与胎衣留在子宫内所引起的不良后果相比,还是非常必要的操作。

为了便于剥离胎衣,在拉出胎儿的同时,应该静脉注射垂体后叶素或皮下注射麦角碱,如果在子宫腔内注满5% ~10%的氯化钠溶液,停留1~2分,亦有利于胎衣的剥离。最后将注射的液体用橡皮管排出来。

7)冲洗子宫 剥完胎衣之后,用生理盐水将子宫切口的周围充分洗擦干净。如果切口边缘受到损伤,应该切去损伤部,使其成为新伤口。

8)缝合子宫　第一层用连续康乃尔氏缝合,缝合完毕,用生理盐水冲洗子宫,再转入第二层的连续伦巴特缝合。缝毕,再使用生理盐水冲洗子宫壁,清理子宫壁与腹壁切口之间的填塞纱布后,将子宫还纳回腹腔内。

9)缝合腹壁　拉出胎儿后,腹内压减小了,腹壁切口都比较好闭合,若手术中间因瘤胃鼓气使腹内压增大闭合切口十分困难时,应通过瘤胃穿刺放气减压或插胃管瘤胃减压后再闭合腹壁切口。第一层对腹膜腹横肌进行连续缝合,第二层腹直肌连续缝合,第三层结节缝合腹黄筋膜,最后对皮肤及皮下组织进行结节缝合,并打以结系绷带。

(3)术后护理　肌内注射青霉素,静脉注射葡萄糖盐水,必要时还应注射强心剂。保持术部的清洁,防止感染化脓。经常检查病羊全身状况,必要时应施行适当的症状疗法。如果伤口愈合良好,手术10天以后即可拆除缝合线;为了防止创口裂开,最好先拆一针留一针,3~4天后将其余缝线全部拆除。

【预后】绵羊的预后比山羊好。手术进行越早,预后越好。

(三)胎衣不下

胎儿出生以后,母羊排出胎衣的正常时间绵羊为2~6小时,山羊为1~5小时,如果在分娩后超过14小时胎衣仍不排出,即称为胎衣不下。此病在山羊和绵羊都可发生。

【病因】该病多因孕羊饲养管理不当,饲料中缺乏矿物质、维生素,运动不足,体质瘦弱或过度肥胖,胎水过多,怀羔数过多,饮饲失调等,均可造成子宫收缩力量不够,使羔羊胎盘与母体胎盘黏在一起而致发病。此外,子宫炎、胎膜炎、布氏杆菌病也可引起胎衣不下。发病的直接原因包括两大类。

(1)产后子宫收缩不足　子宫因多胎、胎水过多、胎儿过大以及持续排出胎儿而伸张过度;饲料的质量不好,尤其当饲料中缺乏维生素、钙盐及其他矿物质时,容易使子宫发生弛缓;怀孕期(尤其在怀孕后期)缺乏运动或运动不足,往往会引起子宫弛缓,胎衣排出很缓慢;分娩时母羊肥胖,可使子宫复旧不全,因而发生胎衣不下;流产和其他能够降低子宫肌肉和全身张力的因素,都能使子宫收缩不足。

(2)胎儿胎盘和母体胎盘发生愈合　患布氏杆菌病的母羊常因此而发生胎衣不下,其原因是怀孕期子宫内膜发炎,子宫黏膜肿胀,使绒毛固定在凹穴内,即使子宫有足够的收缩力,也不容易让绒毛从凹穴内脱出来;当胎膜发炎时,绒毛也同时肿胀,因而与子宫黏膜紧密粘连。即使子宫收缩,也不容易脱离。

【症状】胎衣可能全部不下,也可能是一部分不下。未脱下的胎衣经常垂吊在阴门之外。病羊拱背,时常努责,如果胎衣能在14小时以内全部排出,多半不会有并发病。但若超过1天,则胎衣会发生腐败,尤其是天气炎热时腐败更快。从胎衣开始腐败起,即因腐败产物引起中毒,而使羊的精神不振,食欲减少,体温升高,呼吸加快,乳量降低或泌乳停止,并从阴道中排出恶臭的分泌物。由于胎衣压迫阴道黏膜,可能使其发生坏死。此病往往并发败血病、破伤风或气肿疽,或者造成子宫或阴道的慢性炎症。如果羊不死,一般在5~10天内,全部胎衣发生腐烂而脱落。山羊对胎衣不下的敏感性比绵羊大。

【诊断】病羊常表现拱背努责,食欲减少或废绝,精神较差,喜卧地,体温升高,呼吸及脉搏增快,胎衣久久滞留不下,可发生腐败,从阴户中流出污红色腐败恶臭的恶露,其中掺杂有灰白色未腐败的胎衣碎片或脉管。当全部胎衣不下时,部分胎衣从阴户中垂露于跗关节部。

胎衣不下的母羊治疗不及时,往往并发子宫内膜炎、子宫颈炎、阴道炎等一系列生殖器官疾病,重者因转为败血症而死亡。或者产后发情及受胎时间延迟,甚至丧失受孕能力,有的受胎后容易流产,并发瘤胃弛缓、积食及鼓胀等疾病。

【预防】预防方法主要是加强孕羊的饲养管理,饲料的配合应不使孕羊过肥为原则,每天必须保证适当的运动。

【治疗】在产后14小时以内,可待其自行脱落。如果超过14小时,必须采取适当措施,因为这时胎衣已开始腐败,假若再滞留在子宫中,可以引起子宫黏膜的严重发炎,导致暂时的或永久的不孕,有时甚至引起败血症。病羊分娩后不超过24小时的,可应用垂体后叶素注射液、催产素注射液或麦角碱注射液0.8~1毫升,1次肌内注射。超过24小时的,应尽早采用以下方法进行治疗,绝不可强拉胎衣,以免扯断而将胎衣留在子宫内。

(1)手术剥离胎衣　先用消毒液洗净外阴部和胎衣,再用鞣酸酒精溶液冲洗和消毒术者手臂,并涂以消毒软膏,以免将病原菌带入子宫。如果手上有小伤口或擦伤,必须预先涂擦碘酊,贴上胶布。用一只手握住胎衣,另一只手送入橡皮管,将高锰酸钾温溶液0.01%注入子宫。手伸入子宫,将绒毛膜从母体子叶上剥离下来。剥离时,由近及远。先用中指和拇指捏挤子叶的蒂,然后设法剥离盖在子叶上的胎膜。为了便于剥离,事先可用手指捏挤子叶。剥离时应当小心,因为子叶受到损伤时可能引起大量出血,并为微生物的进入开放门户,且容易造成严重的全身症状。

(2)皮下注射催产素 羊的阴门和阴道较小,只有手小的人才能进行胎衣剥离。如果将手勉强伸入子宫,不但不易进行剥离操作,反而有损伤产道的危险,故当手难以伸入时,只有皮下注射催产素1~3单位(注射1~3次,间隔8~12小时)。如果配合用温的生理盐水冲洗子宫,收效更好。为了排出子宫中的液体,可以将羊的前肢提起。

(3)及时治疗败血症 如果胎衣长久停留,往往会发生严重的产后败血症。其特征是体温升高,食欲消失,反刍停止。脉搏细而快,呼吸快而浅;皮肤冰冷(尤其是耳朵、乳房和角根处);喜卧下,对周围环境十分淡漠;从阴门流出污褐色恶臭的液体。遇到这种情况时,应该及早进行治疗:①肌内注射抗生素。青霉素40万国际单位,每6~8小时一次,链霉素1克,每12小时1次。②静脉注射四环素。将四环素50万国际单位,加入5%葡萄糖注射液100毫升中注射,每天2次。③用1%冷食盐水冲洗子宫,排出盐水后注入子宫青霉素40万国际单位,链霉素1克,每天1次,直至痊愈。④10%~25%葡萄糖注射液300毫升,40%乌洛托品10毫升,静脉注射,每天1~2次,直至痊愈。⑤中药可用当归9克,白术6克,益母草9克,桃仁3克,红花6克,川芎3克,陈皮3克,共研细末,开水调后灌服。

结合临床表现,及时进行对症治疗,如给予健胃剂、缓泻剂、强心剂等。

(四)生产瘫痪

生产瘫痪又称乳热病或低钙血症,是急性而严重的神经疾病。其特征为咽、舌、肠道和四肢发生瘫痪,失去知觉。此病主要见于成年母羊,发生于产前或产后数日内,偶尔见于怀孕时期。山羊和绵羊均可患病,但以山羊比较多见。尤其是2~4胎的某些高产奶山羊,几乎每次分娩以后都重复发病。

【病因】舍饲、产乳量高以及怀孕末期营养良好的羊,如果饲料营养过于丰富,都可成为发病的诱因。由于血糖和血钙降低,以致调节过程不能适应,而变为低钙状态,而引起发病。

【症状】最初症状通常出现于分娩之后,少数的病例,见于妊娠末期和分娩过程。病羊表现为衰弱无力。病初全身抑郁,食量减少,反刍停止,后肢软弱,步态不稳,甚至摇摆。有的绵羊拱背低头,蹒跚走动。由于发生战栗和不能安静休息,呼吸常见加快。这些初期症状维持的时间通常很短,管理人员往往注意不到。此后羊站立不稳,在企图走动时跌倒。有的羊倒后起立很困难。有的不能起立,头向前直伸,不吃,停止排粪和排尿。皮肤对针刺的反应很弱。

少数羊知觉完全丧失,发生极明显的麻痹症状;张口伸舌,咽喉麻痹。针刺皮肤无反应。脉搏先慢而弱,以后变快,勉强可以摸到;呼吸深而慢;病的后期常常用嘴呼吸,唾液随着呼气吹出,或从鼻孔流出食物。病羊常呈侧卧姿势,四肢伸直,头弯于胸部,体温逐渐下降,有时降至36℃;皮肤、耳朵和角根冰冷,很像将死状态。

有些病羊往往死于没有明显症状的情况下,例如有的绵羊在晚上表现健康,而翌日晨却见死亡。

【诊断】精确的诊断方法是分析血液样品。但由于产程很短,必须根据临床症状的观察进行诊断。乳房通风及注射钙剂效果显著,亦可作为本病的诊断依据。

【预防】①喂给富含矿物质的饲料。单纯饲喂富含钙质的混合精饲料,似乎没有预防效果,假若同时给予维生素D,则效果较好。②产前应保持适当运动,但不可运动过度,因为过度疲劳反而容易引起发病。③药物预防,对于习惯性发病的羊,于分娩之后,及早应用下列药物进行预防注射:5%氯化钙40~60毫升,25%葡萄糖80~100毫升,10%安钠咖5毫升混合,1次静脉注射。

【治疗】静脉或肌内注射10%葡萄糖酸钙50~100毫升,或者应用下列处方:5%氯化钙60~80毫升,10%葡萄糖120~140毫升,10%安钠咖5毫升混合,一次静脉注射。

(五)卵巢囊肿

卵巢囊肿是指卵巢上有卵泡状结构,存在的时间在10天以上,同时卵巢上无正常黄体结构的一种病理状态。这种疾病一般又分为卵泡囊肿和黄体囊肿两种。

【症状】羊发生卵巢囊肿的症状按外部表现可分为慕雄狂和乏情2类。慕雄狂母羊,一般经常表现无规律的、长时间或连续性的发情症状,表现不安;乏情的羊表现则为长时间不出现发情征象,有时可长达数月,因此常被误认为是已妊娠。有些在表现一两次正常的发情后转为乏情;有些则在病的初期乏情,后期表现为慕雄狂;也有些患卵巢囊肿的先表现慕雄狂的症状,而后转为乏情。

【治疗】卵巢囊肿的治疗方法种类繁多,其中大多数是通过直接引起黄体化而使母羊恢复发情周期。但应注意,此病是可以自愈的,具有促黄体素生物活性的各种激素制剂已被广泛用于治疗卵巢囊肿。

（1）改变日粮结构　饲料中补充维生素 A。

（2）激素疗法　①肌内或皮下注射绒毛膜促性腺激素或促黄体素（促黄体素）500～1 000 单位。②注射促排卵 3 号（LRH - A3）4～6 毫克，促使卵泡囊肿黄体化。然后皮下或肌内注射前列腺素溶解黄体，即可恢复发情周期。③肌内注射黄体酮 5～10 毫克，每天 1 次，连用 5～7 天，效果良好。黄体酮的作用除了能抑制发情外，还可以通过负反馈作用抑制丘脑下部促性腺激素释放激素的分泌，内源性地使性兴奋及慕雄狂症状消失。④可用前列腺素或其类似物进行治疗，促进黄体尽快萎缩消退，从而诱导发情。⑤人工诱导泌乳。此法对乳用山羊是一种最为经济的办法。

（六）子宫内膜炎

羊子宫内膜炎主要是由某些病原微生物传染而发生，可成为显著的流行病。

【病因】造成羊子宫内膜炎的主要原因是繁殖管理不当，常见的原因如下：

第一，配种时消毒不严，基层配种站和个体种畜户，在本交配种时对种公羊的阴茎和母羊外阴部不清洗、不消毒或清洗消毒不严；人工授精时对所用器械消毒不严格，或用同一支输精管，不经消毒而给多头母羊输精。

第二，分娩时造成子宫阴道黏膜损伤和感染，农村母羊产羔多无产房，又无清洗母羊后躯的习惯，加上一些助产人员接产时不注意清洗消毒手臂和工具，母羊分娩时阴道外露受到污染，或将粪渣、草屑、灰尘黏附阴道壁上，分娩后阴道内收，将污物带进体内，有时甚至子宫外翻受污，也不进行清洗消毒，致使子宫、阴道受到感染。

第三，进行人工授精时，技术不熟练和操作时间过长，刺伤母羊的子宫颈，造成子宫颈炎和子宫颈糜烂，继而引发子宫内膜炎。

第四，对患有子宫、阴道疾病的母羊，不经过检查，即让健康种公羊与其交配，后让这只公羊与健康母羊交配，造成生殖道疾病的进一步散播。

第五，流产、胎死腹中腐败、阴道或子宫脱出、胎衣不下、子宫损伤、子宫复位不全及子宫颈炎，未能及时治疗和处理，因而继发和并发子宫、阴道疾病。

第六，饮用污水感染。常给母羊饮用池塘、污水坑等污染的水。

第七，冲洗子宫时使用的消毒性或腐蚀性药液浓度过大，使阴道及子宫黏膜受到损伤。

第八，某些传染病如布氏杆菌病、寄生虫病也可引起子宫疾病。

【症状】根据症状可将子宫内膜炎分为急性子宫内膜炎、慢性卡他性子宫内膜炎、慢性卡他脓性子宫内膜炎、慢性脓性子宫内膜炎、慢性隐性子宫内膜炎、子宫积液和子宫积脓。

(1) 急性子宫内膜炎　急性子宫内膜炎多因羊分娩过程中,接产人员手臂、助产器具和母羊外阴部未进行消毒或消毒不严格而被细菌感染,尤其在难产、子宫或阴道脱出、胎衣不下时发生较多。母羊全身症状表现不明显,有时体温稍有升高,食欲减退,拱背努责,常做排尿姿势。产后几日内不断从阴门排出大量白色、灰白色、黄色或茶褐色的恶臭脓液。如胎衣滞留或子宫内有腐败时,常排出带脓血、腐臭味的巧克力色分泌物。当母羊卧下时排出更多,常在其尾根及后肢关节处结痂。阴道检查时有疼痛感。

(2) 慢性卡他性子宫内膜炎　母羊患慢性卡他性子宫内膜炎时,子宫黏膜松软增厚,一般无全身症状,发情周期正常,但屡配不孕。阴道检查时,子宫颈口开张,子宫颈黏膜松弛、充血;阴道黏膜充血或无变化;由阴道流出白色、灰白色或浅黄色的黏稠渗出物,发情时阴道流出的渗出液明显增多,且较稀薄不透明;输精或阴道检查时,可经输精管或开腔器流出大量稀薄的黏液。

(3) 慢性卡他脓性子宫内膜炎　临床较为多见,其症状与慢性卡他性子宫内膜炎相似,子宫黏膜肿胀,剧烈充血和淤血,有脓性浸润,上皮组织变性、坏死、脱落,有时子宫黏膜有成片肉芽组织瘢痕,可能形成囊肿。病羊出现全身症状,精神不振,体温升高,食欲减退,逐渐消瘦。阴道检查时,可发现阴道及子宫颈部充血、肿胀,黏膜上有脓性分泌物。

(4) 慢性脓性子宫内膜炎　经常由阴道排出灰白色、黄白色或褐色混浊黏稠的脓液,带有腥臭气味,发情时排出更多。尾根、阴门周围及后腿内侧被污染处,长时间后变成灰黄色发亮的脓痂。发情周期紊乱。夏、秋季常有苍蝇随患病羊飞行或爬在阴门、尾巴上。多数母羊出现体温升高、食欲减退、逐渐消瘦等全身症状。

(5) 慢性隐性子宫内膜炎　子宫本身不发生形态学上的变化,平时很难从外部发现其任何症状,一般也无病理变化。发情周期正常,但屡配不孕。取阴道深部分泌物,用广泛试纸进行试验,如精液浸湿的试纸 pH 在 7.0 以下,怀疑为隐性子宫内膜炎。慢性隐性子宫内膜炎虽无明显的临床症状,但在子宫内膜炎中占比例相当高,因其无明显症状,常不被人注意。

(6) 子宫积液　子宫积液是因为变性的子宫腺体分泌机能增强,分泌物增多;同时子宫颈粘连或肿胀,使子宫颈受到堵塞,使子宫内的液体不能排出。

有时是因每次发情时,分泌物不能及时排出,逐渐积聚起来而形成的;也有的是因子宫弛缓,收缩无力,发情时分泌的黏液滞留而造成的。病羊往往表现不发情,当子宫颈末完全阻塞时,会从阴道不定时排出稀薄的棕黄色或蛋白样分泌物。如子宫颈口完全阻塞,则见不到分泌物外流。

(7)子宫积脓 当患有慢性脓性子宫内膜炎时,子宫黏膜肿胀,子宫颈管闭塞,或子宫颈粘连而形成隔膜,脓液不能排出而在子宫内蓄留,于是就形成了子宫积脓。母羊停止发情,举尾,不断拱背努责。阴道检查时,可发现阴道和子宫颈阴道部黏膜充血。

【预防】子宫内膜炎的预防应从饲养管理着手,进行全面的预防:加强饲养管理,防止发生流产、难产、胎衣不下和子宫脱出等疾病;预防和扑灭引起流产的传染性疾病;加强产羔季节接产、助产过程的卫生消毒工作,防止子宫受到感染;抓紧治疗子宫脱出、胎衣不下及阴道炎等疾病。

【治疗】严格隔离病羊,不可与分娩的羊同群喂管;加强护理,保持羊舍的温暖清洁,饲喂富于营养而带有轻泻性的饲料,经常供给清水。

及时治疗急性子宫内膜炎,全身注射青霉素或链霉素,防止转为慢性;冲洗或灌注子宫,可用100~200毫升0.1%高锰酸钾、1%~2%小苏打、1%的盐水或含有0.05%的呋喃唑酮盐水冲洗子宫,每天1次或隔日1次。子宫内有较多分泌物时,盐水浓度可提高到3%,促进炎性产物的排出,防止吸收中毒,并可刺激子宫内膜产生前列腺素,有利于子宫机能的恢复。如果子宫颈口关闭很紧,不能冲洗,可给子宫颈涂以2%碘酒,使其松弛。冲洗后灌注青霉素40万国际单位。子宫内给予抗菌药,选用广谱药物,如四环素、庆大霉素、卡那霉素、金霉素、呋喃类药物、诺氟沙星、氟苯尼考等。可将抗菌药物0.5~1克用少量生理盐水溶解,做成溶液或混悬液,用导管注入子宫,每天2次。也可每天向子宫内注入5%~10%的呋喃唑酮混悬液10~20毫升;激素疗法,可用前列腺素类似物,促进炎症产物的排出和子宫功能的恢复。在子宫内有积液时,可注射雌二醇2~4毫克,4~6小时后注射催产素10~20单位,促进炎症产物排出,配合应用抗生素治疗,可收到较好的疗效。生物疗法(生物防治疗法),用人阴道中的窦得来因氏杆菌治疗母牛子宫内膜炎,对羊的子宫内膜炎同样可以应用。

中药疗法:

处方一:当归、红花、金银花各30克,益母草、淫羊霍各45克,苦参、黄芩各30克,三棱、莪术各30克,斑蝥7个,青皮30克。水煎灌服,每天1剂,轻者连用 3～5 剂,重者 5～7 剂。适用于膘情较好的母羊各种子宫内膜炎。

处方二:白术 60 克,苍术 50 克,山药 60 克,陈皮 30 克,酒车前子 25 克,荆芥炭 25 克,酒白芍 30 克,党参 60 克,柴胡 25 克,甘草 20 克,黄油 250 毫升为引。水煎服,每天 1 剂,连用 2～3 剂。

加减:湿热型去党参,加忍冬藤 80 克,蒲公英 60 克,椿树根皮 60 克;寒湿型加白芷 30 克,艾叶 20 克,附子 30 克,肉桂 25 克;白带日久兼有肾虚者去柴胡、车前子,加韭菜子 20 克,乌贼骨 40 克,覆盆子 50 克及菟丝子 50 克。

急慢性阴道炎、子宫颈炎和急慢性卡他性子宫内膜炎可用此方。

处方三:当归 60 克,赤芍 40 克,香附 40 克,益母草 60 克,丹参 40 克,桃仁 40 克,青皮 30 克。水煎灌服,每天 1 剂,连用 2～3 剂。

加减:肾虚者加桑寄生 40 克,川断 40 克,或加狗脊 40 克,杜仲 30 克;白带多者加茯苓 40 克,海螵蛸 40 克,或加车前子 30 克,白芷 25 克;卵巢有囊肿或黄体者加三棱 25 克,莪术 25 克;有寒症者加小茴香 30 克,乌药 40 克;体质弱者加党参 60 克,黄芩 60 克。

慢性卡他性脓性子宫内膜炎和慢性脓性子宫内膜炎可用此方。

处方四:当归 40 克,川芎 30 克,白芍 30 克,熟地黄 30 克,红花 40 克,桃仁 30 克,苍术 40 克,茯苓 40 克,延胡索 30 克,白术 40 克,甘草 20 克。水煎服,用 1～2 剂。

慢性子宫内膜炎已基本治愈,但子宫冲洗导出液中仍含有点状或细丝状物时可用此方。

(七)乳腺炎

母羊患乳腺炎,常由于哺乳前期及泌乳期,没有对乳头做好清洗消毒工作,或因羊羔吸乳时损伤了乳头及乳头孔堵塞,乳汁瘀结而变质,细菌便由乳头上的小伤口通过乳腺管侵入乳腺小叶,或经过淋巴侵入乳腺小叶的间隙组织而造成急性炎症。

【病因】本病多因挤乳方法不妥而损伤乳头、乳体腺,放牧、舍饲时划破乳房皮肤,病菌通过乳孔或伤口感染;母羊护理不当,环境卫生不良给病菌侵入乳房创造了条件。病菌主要有葡萄球菌、链球菌和肠道杆菌等。某些传染病如口蹄疫、放线菌病也可引起乳腺炎。本病以产奶量高和经产的舍饲羊多发。

【症状】患侧乳房疼痛,发炎部位红肿变硬并有压痛,乳汁色黄甚至血性,以后形成脓肿,时间愈久则乳腺小叶的损坏就愈多。贻误治疗的乳房脓肿,最后穿破皮肤而流脓,创口经久不愈,导致母羊终身失去产乳能力。

【预防措施】

（1）注意保持乳房的清洁卫生　母羊哺乳及泌乳期，乳房充胀，加上产羔7～15天内阴道常有恶露排出，极容易感染疾病。因此，应特别注意保持乳房的清洁卫生，经常用肥皂水和温清水擦洗乳房，保持乳头和乳晕的皮肤清洁柔韧，羊圈舍要勤换垫土并经常打扫，保持圈舍地面清洁干燥，防止羊躺卧在泥污和粪尿上。羊羔吸乳损伤了乳头，暂停哺乳2～3天，将乳汁挤出后喂羊羔，局部贴创可贴或涂紫药水，能迅速治愈。

（2）坚持按摩乳房　在母羊哺乳及泌乳期，每日轻揉按摩乳房1～2次，随即挤出挤净乳头孔及乳房瘀汁，激活乳腺产乳和排乳的新陈代谢过程，消除隐性乳腺炎的隐患。

（3）增加挤奶次数　羊患乳腺炎与每日挤奶次数少、乳房乳汁聚集滞留时间长造成乳房内压及负荷量加重密切相关。因此，改变传统的每日挤奶1次为2～3次，这样既可提高2%～3%产奶量，又减轻了乳房的内压及负荷量，可有效防止乳汁凝结引发乳腺炎。

（4）及时做好羊舍的防暑降温工作　夏季炎热，羊常因舍内通风不良中暑热应激引发乳腺炎等疾病。因此，要及时搭盖宽敞、隔热通风的凉棚，保持圈舍通风凉爽，中午高温时要喷洒凉水降温。供给羊充足清洁的饮水，并加入适量食盐，以补充体液，增加羊体排泄量，有利于清解里热，降低血液及乳汁的黏稠度。经常给羊挑喂蒲公英、紫花地丁、薄荷等清凉草药，可清热泻火，凉血解毒，防治乳腺炎。

【治疗】时常检查乳房的健康状况，发现乳汁色黄，乳房有结块，即可采取以下治疗措施：

患部敷药。用50℃的热水，将毛巾蘸湿，上面撒适量硫酸镁粉，外敷患部。亦可用鱼石脂软膏或中药芒硝200克，调水外敷，可渗透软化皮下细胞组织，活血化瘀，消肿散结。

通乳散结。羊患乳腺炎，乳腺肿胀，乳汁黏稠瘀结很难挤出，可在局部外敷的同时，采取以下措施散瘀通乳：①给羊多饮0.02%高锰酸钾溶液水，可稀释乳汁的黏稠度，使乳汁变稀，易于挤出。并能消毒防腐，净化乳腺组织。②注射"垂体后叶素"10国际单位。③增加挤奶次数，急性期每小时挤奶1次，最多不超过2小时，可边挤边由下而上地按摩乳房，用手指不住地揉捏夹乳房凝块处，直至挤净瘀汁，肿块消失。

挤净乳房瘀汁后，将青霉素80万国际单位，用生理盐水5毫升稀释后，从乳头孔注入乳房内,杀灭致病细菌。

为增加疗效,抗生素应联合2种以上药品。青霉素与氨苄西林联合注射,青霉素1次160万国际单位,氨苄西林1次1克,用0.2%利多卡因5毫升稀释后,内加地塞米松10毫克,1天2~3次,连续注射,直到痊愈。

七、其他常见病防治技术

(一)腐蹄病

【病原】病原为坏死杆菌,属于厌氧菌,广泛存在于土壤和粪便中,低湿条件适于其生存。抵抗力较弱,一般消毒药10~20分即可将其杀死。

【传染途径】细菌多通过损伤的皮肤侵入机体。常发于湿热的多雨季节。

【症状】主要表现为跛行。检查蹄部时见蹄间隙、蹄踵和蹄冠红肿、发热,有疼痛反应,以后溃烂,挤压有恶臭脓液流出。

【诊断】一般根据临床症状(发生部位、坏死组织的恶臭味)和流行特点,即可做出诊断。

【预防】加强蹄子护理,经常修蹄,以免蹄伤;注意夏季圈舍卫生,定期消毒;定期用10%福尔马林溶液蹄浴。

【治疗】除去患部坏死组织,到出现干净创面时,用食醋、4%醋酸、1%高锰酸钾、3%来苏儿或过氧化氢冲洗,再用30%硫酸铜或6%福尔马林进行蹄浴。若脓肿部分未破,应切开排脓,然后用1%高锰酸钾洗涤,再涂擦浓福尔马林或撒以高锰酸钾粉。对于严重的病羊,在局部用药的同时,应全身使用磺胺类药物或抗生素。

(二)感冒

本病主要是由于对羊管理不当,因寒冷的突然袭击所致。如厩舍条件差,羊在寒冷的天气突然外出放牧或露宿,或出汗后拴在潮湿阴凉有过堂风的地方等。症状病羊精神不振,头低耳耷,初期皮温不均,耳尖、鼻端和四肢末端发凉,继而体温升高,呼吸、脉搏加快。鼻黏膜充血、肿胀,鼻塞不通,初流清涕,患羊鼻黏膜发痒,不断喷鼻,并在墙壁、饲槽擦鼻止痒。食欲减退或废绝,反刍减少或停止,鼻镜干燥,肠音不整或减弱,粪便干燥。

治疗以解热镇痛、祛风散寒为主。

肌内注射复方氨基比林5~10毫升,或30%安乃近5~10毫升,或复方奎宁、百尔定、穿心莲、柴胡、鱼腥草等注射液。

为防止继发感染,可与抗生素药物同时应用。复方氨基比林10毫升、青霉素160万国际单位、硫酸链霉素50万国际单位,加蒸馏水10毫升,分别肌内注射,每天注射 2 次。当病情严重时,也可静脉注射青霉素 160 万国际单位 ×4 支,同时配以皮质激素类药物,如地塞米松等治疗。

感冒通 2 片,一天 3 次内服。

(三)食管阻塞

食管阻塞是羊食管被草料或异物所堵塞,以咽下障碍为特征的疾病。

【病因】过度饥饿的羊吞食了过大的块状饲料,未经咀嚼而吞咽阻塞食管造成。

【症状】突然发生,病羊采食停止,头颈伸直,伴有吞咽和作呕动作,或因异物吸入气管,引起咳嗽。当阻塞物发生在颈部食管时,局部突起,形成肿块,手触感觉到异物形状;当发生在胸部食管时,病畜疼痛明显,可继发瘤胃鼓气。

【防治】阻塞物塞于咽或咽后时,可装上开口器,保定好病畜,用手直接掏取,或用铁丝圈套取。阻塞物在近贲门部时,可先将 2% 普鲁卡因溶液 5 毫升、石蜡油 30 毫升混合,用胃管送至阻塞物部位,然后再用硬质胃管推送阻塞物进入瘤胃。当阻塞物易碎、表面圆滑且阻塞于颈部食管时,可在阻塞物两侧垫上布鞋底,将一侧固定,在另一侧用木槌打砸,使其破碎,咽入瘤胃。

(四)前胃弛缓

前胃弛缓是前胃兴奋性和收缩力降低的疾病。

【病因】原发于长期饲喂粗硬难以消化的饲草,突然更换饲养方法,供给精饲料过多,运动不足等;饲料品质不良,霉败冰冻,虫蛀染毒;长期饲喂单调缺乏刺激性的饲料,继发于瘤胃鼓气、瘤胃积食、肠炎等其他疾病。

【症状】急性前胃弛缓表现食欲废绝,反刍停止,瘤胃蠕动力量减弱或停止;瘤胃内容物腐败发酵,产生多量气体,左腹增大,叩触不坚实。慢性前胃弛缓表现病畜精神沉郁,倦怠无力,喜卧地;被毛粗乱;体温、呼吸、脉搏无变化,食欲减退,反刍缓慢;瘤胃蠕动力量减弱,次数减少。诊断中必须区别该病是原发性还是继发性。

【防治】首先应消除病因,采用饥饿疗法,或禁食 2～3 次,然后供给易消化的饲料等。治疗:①先投泻剂,兴奋瘤胃蠕动,防腐止酵。成年羊可用硫酸镁 20～30 克或人工盐 20～30 克,石蜡油 100～200 毫升,番木鳖酊 2 毫升,大黄酊 10 毫升,加水 500 毫升,一次灌服。10% 氯化钠 20 毫升,生理盐水 100 毫升,10% 氯化钙 10 毫升,混合后一次静脉注射。也可用酵母粉 10 克,红糖 10 克,酒精 10 毫升,陈皮酊 5 毫升,混合加水适量,灌服。瘤胃兴奋剂,可用 2% 毛果芸香碱 1 毫升,皮下注射。②防止酸中毒。可灌服碳酸氢钠 10～15 克。

(五)瘤胃积食

瘤胃积食是瘤胃充满多量饲料,致使胃体积增大,食糜滞留在瘤胃引起严重消化不良的疾病。

【病因】羊吃了过多的质量不良、粗硬易膨胀的饲料,如块根类、豆饼、霉败饲料等,或采食干料而饮水不足等。前胃弛缓、瓣胃阻塞、创伤性网胃炎、腹膜炎、真胃炎、真胃阻塞等也可导致瘤胃积食的发生。

【症状】发病较快,采食反刍停止,病初不断嗳气,随后嗳气停止,腹痛摇尾,或后蹄踏地,拱背,咩叫,病后期精神萎靡,病羊呆立,不吃、不回嚼,鼻镜干燥,耳根发凉,口出臭气,有时腹痛用后蹄踢腹,排粪量少而干黑,左肷窝部膨胀。

【防治】应消导下泻,止酵防腐,纠正酸中毒,健胃补充体液。①消导下泻,可用石蜡油 100 毫升,人工盐 50 克或硫酸镁 50 克,芳香氨醑 10 毫升,加水 500 毫升,一次灌服。②解除酸中毒,可用 5% 碳酸氢钠 100 毫升灌入输液瓶,另加 5% 葡萄糖 200 毫升,静脉一次注射;或用 11.2% 乳酸钠 30 毫升,静脉注射。③为防止酸中毒,可用 2% 石灰水洗胃。洗胃后灌服健康羊的瘤胃液体。

(六)急性瘤胃鼓气

急性瘤胃鼓气是羊胃内饲料发酵,迅速产生大量气体导致的疾病。多发生于春末夏初放牧的羊群。

【病因】羊吃了大量易发酵的饲料而致病。采食霜冻饲料、酒糟或霉败变质的饲料,也易发病;冬、春两季给怀孕母羊补饲饲料,群羊抢食,羊抢食过量可发生瘤胃鼓气;秋季绵羊易发肠毒血症,也可出现急性胃瘤气;每年剪毛季节若发生肠扭转也可致瘤胃鼓气。

【症状】初期病羊表现不安,回顾腹部,拱背伸腰,肷窝突起,有时左右肷窝向外突出高于髋节或背中线;反刍和嗳气停止,黏膜发绀,心律增快,呼吸困难,严重者张口呼吸,步态不稳,如不及时治疗,迅速发生窒息或心脏停搏而死亡。

【防治】采取胃管放气,防腐止酵,清理胃肠。①可插入胃导管放气,缓解腹压;或用 5% 碳酸氢钠溶液 1 500 毫升洗胃,以排出气体及胃内容物。②用石蜡油 100 毫升,鱼石脂 2 克,酒精 10 毫升,加水适量,一次灌服;或用氧化镁 30 克,加水 300 毫升,或用 8% 的氢氧化镁混悬液 100 毫升灌服。③必要时可行瘤胃穿刺放气,方法是在左肷部剪毛,消毒,然后用兽用 16 号针头刺破皮肤,插入瘤胃放气。在放气中要紧压腹壁使其紧贴瘤胃壁,边放气边下压,以防胃液漏入腹腔引起腹膜炎。

(七)真胃阻塞

真胃阻塞是真胃内积满多量食糜,使胃壁扩张,体积增大,胃黏膜及胃壁发炎,食物不能进入肠道所致。

【病因】因羊的消化机能紊乱,胃肠分泌、蠕动机能降低造成;或者因长期饲喂细碎的饲料;亦见于因迷走神经分支损伤,创伤性网胃炎使肠与真胃粘连,幽门痉挛,幽门被异物或毛球阻塞等所致。

【症状】病程较长,初期似前胃弛缓症状,病羊食欲减退,排粪量少,以至停止排粪,粪便干燥,其上附有多量黏液或血丝;右腹真胃区增大,病胃充满液体,冲击真胃可感觉到坚硬的真胃体。

【防治】先给病羊输液,可试用25%硫酸镁溶液50毫升,甘油30毫升,生理盐水100毫升,混合做真胃注射;10小时后,可选用胃肠兴奋剂,如卡巴酰胆碱注射液,少量多次皮下注射。

(八)胃肠炎

胃肠炎是胃肠黏膜及其深层组织的出血性或坏死性炎症。

【病因】采食了大量冰冻或发霉的饲草、饲料,料中混有化肥或具有刺激性的药物也可致病。

【症状】病羊食欲废绝,口腔干燥发臭,舌面覆有黄白苔,常伴有腹痛。肠音初期增强,以后减弱或消失,不断排稀便或水样粪便,气味腥臭或恶臭,粪中混有血液及坏死的组织片。由于下泻,可引起脱水。

【防治】口服磺胺脒4~8克,小苏打3~5克;或用青霉素40万~80万国际单位,链霉素50万国际单位,一次肌内注射,连用5天。脱水严重的宜输液,可用5%葡萄糖150~300毫升,10%樟脑磺酸钠4毫升,维生素C 100毫克混合,静脉注射,每日1~2次。亦可用土霉素或四环素0.5克,溶解于生理盐水100毫升中,静脉注射。

(九)螨病

羊的一种慢性寄生性皮肤病,由疥螨和痒螨寄生在体表而引起的,短期内可引起羊群严重感染,危害严重。

【病原】疥螨寄生于皮肤角化层下,虫体在隧道内不断发育和繁殖。成虫体长0.2~0.5毫米,肉眼不易看见。痒螨寄生在皮肤表面,虫体长0.5~0.9毫米,长圆形,肉眼可见。

【症状】病初，虫体刺激神经末梢，引起剧痒，羊不断在圈墙、栏柱等处摩擦；在阴雨天气、夜间、通风不好的圈舍会随着病情的加重，痒觉表现更加剧烈，继而皮肤出现丘疹、结节、水疱，甚至脓疮，以后形成痂皮和龟裂。特别是绵羊患疥螨病时，病变主要局限于头部，病变处如干涸的石灰。绵羊感染痒螨后，可见患部有大片被毛脱落。患羊因终日啃咬和摩擦患部，烦躁不安，影响采食和休息，日渐消瘦，最终可极度衰竭而死亡。

【发病特点】主要发生于冬季、秋末和春初。发病时，疥螨病一般始于羊皮肤柔软且短毛的部位，如嘴唇、口角、鼻面、眼圈及耳根部，以后皮肤炎症逐渐向周围蔓延；痒螨病则起始于被毛稠密和温度、湿度比较恒定的皮肤部分，如绵羊多发生于背部、臀部及尾根部，以后才向体侧蔓延。

【防治方法】涂药疗法适合于病畜数量少，患部面积小，并可在任何季节使用，但每次涂擦面积不得超过体表的1/3。涂药用克辽林擦剂（克辽林1份、软肥皂1份、酒精8份，调和即成），5%敌百虫溶液（来苏儿5份，溶于温水100份中，再加入5份敌百虫配成）。药浴疗法适用于病畜数量多且气候温暖的季节，药浴液用0.05%蝇毒磷乳剂水溶液，0.5%～1%敌百虫水溶液，0.05%辛硫磷乳油水溶液。

（十）羊鼻蝇蛆病

是羊鼻蝇幼虫寄生在羊的鼻腔或额突里，并引起慢性鼻炎的一种寄生虫病。

【症状】患羊表现为精神萎靡不振，可视黏膜淡红，鼻孔有分泌物，摇头、打喷嚏，运动失调，头弯向一侧旋转或发生痉挛、麻痹，听力、视力降低，后肢举步困难，有时站立不稳，跌倒而死亡。

【发病特点】羊鼻蝇成虫多在春、夏、秋季出现，尤以夏季为多。成虫在6、7月开始接触羊群，雌虫在牧地、圈舍等处飞翔，钻入羊鼻孔内产幼虫。经3期幼虫阶段发育成熟后，幼虫从深部逐渐爬向鼻腔，当患羊打喷嚏时，幼虫被喷出，落于地面，钻入土中或羊粪堆内化为蛹，经1～2个月后成蝇。雌雄交配后，雌虫又侵袭羊群再产幼虫。

【防治方法】用1%～2%敌百虫5～10毫升做鼻腔注入，或用长针头穿刺骨泪泡，注入敌百虫水溶液0.1千克/千克体重，或做颈部皮下注射。

第七章　羊肉的质量安全

　　肉羊屠宰前主要进行口蹄疫、痒病、小反刍兽疫、绵羊痘和山羊痘、炭疽、布鲁菌病、肝片吸虫病、棘球蚴病的检疫。

　　为适应羊肉对外贸易的需要，保障国内羊肉安全消费，应对羊肉安全突发事件，必须构建羊肉的质量安全可追溯系统。

第一节　肉羊的屠宰前检疫及屠宰规范

一、肉羊屠宰前检疫规范
(一)入场(厂、点)检查

查验入场(厂、点)羊的动物检疫合格证明和佩戴的畜禽标志。询问了解羊运输途中有关情况。临床检查羊群的精神状况、外貌、呼吸状态及排泄物状态等情况。

动物检疫合格证明有效,证物相符,畜禽标志符合要求,临床检查健康,方可入场,并回收动物检疫合格证明。场(厂、点)方须按产地分类将羊送入待宰圈,不同货主、不同批次的羊不得混群。不符合条件的,按国家有关规定处理。

监督货主在卸载后对运输工具及相关物品等进行清洗消毒。

(二)检疫申报

场(厂、点)方应在屠宰前申报检疫,填写检疫申报单。官方兽医接到检疫申报后,根据相关情况决定是否予以受理。受理的,应当及时实施宰前检查。不予受理的,应说明理由。

(三)宰前检查

屠宰前2小时内,官方兽医应按照《反刍动物产地检疫规程》中"临床检查"部分实施检查。合格的,准予屠宰。不合格的,按以下规定处理。

发现有口蹄疫、痒病、小反刍兽疫、绵羊痘和山羊痘、炭疽等疫病症状的,限制移动,并按照《动物防疫法》《重大动物疫情应急条例》《动物疫情报告管理办法》和《病害动物和病害动物产品生物安全处理规程》等有关规定处理。

发现有布鲁菌病症状的,病羊按布鲁菌病防治技术规范处理,同群羊隔离观察,确认无异常的,准予屠宰。

怀疑患有本规程规定疫病及临床检查发现其他异常情况的,按相应疫病防治技术规范进行实验室检测,并出具检测报告。实验室检测须由省级动物卫生监督机构指定的具有资质的实验室承担。

发现患有本规程规定以外疫病的,隔离观察,确认无异常的,准予屠宰;隔离期间出现异常的,按《病害动物和病害动物产品生物安全处理规程》等有关规定处理。

确认为无碍于肉食安全且濒临死亡的羊,视情况进行急宰。

监督场(厂、点)方对处理病羊的待宰圈、急宰间以及隔离圈等进行消毒。

(四)同步检疫

与屠宰操作相对应,对同一头羊的头、蹄、内脏、胴体等统一编号进行检疫。

1. 头蹄部检查

(1)头部检查　检查鼻镜、齿龈、口腔黏膜、舌及舌面有无水疱、溃疡、烂斑等。必要时剖开下颌淋巴结,检查形状、色泽及有无肿胀、淤血、出血、坏死灶等。

(2)蹄部检查　检查蹄冠、蹄叉皮肤有无水疱、溃疡、烂斑、结痂等。

2. 内脏检查

取出内脏前,观察胸腔、腹腔有无积液、粘连、纤维素性渗出物。检查心脏、肺脏、肝脏、胃肠、脾脏、肾脏,剖检支气管淋巴结、肝门淋巴结、肠系膜淋巴结等,检查有无病变和其他异常。

(1)心脏检查　心脏的形状、大小、色泽及有无淤血、出血等。必要时剖开心包,检查心包膜、心包液和心肌有无异常。

(2)肺脏检查　两侧肺叶实质、色泽、形状、大小及有无淤血、出血、水肿、化脓、粘连、包囊砂、寄生虫等。剖开一侧支气管淋巴结,检查切面有无淤血、出血、水肿等。

(3)肝脏检查　肝脏大小、色泽、弹性、硬度及有无大小不一的突起。剖开肝门淋巴结,切开胆管,检查有无寄生虫(肝片吸虫病)等。必要时剖开肝实质,检查有无肿大、出血、淤血、坏死灶、硬化、萎缩等。

(4)肾脏　剥离两侧肾被膜(两刀),检查弹性、硬度及有无贫血、出血、淤血等。必要时剖检肾脏。

(5)脾脏　检查弹性、颜色、大小等。必要时剖检脾实质。

(6)胃和肠检查　浆膜面及肠系膜有无淤血、出血、粘连等。剖开肠系膜淋巴结,检查有无肿胀、淤血、出血、坏死等。必要时剖开胃肠,检查有无淤血、出血、胶样浸润、糜烂、溃疡、化脓、结节、寄生虫等,检查瘤胃肉柱表面有无水疱、糜烂或溃疡等。

3. 胴体检查

检查皮下组织、脂肪、肌肉、淋巴结以及胸腔、腹腔浆膜有无淤血、出血以及疹块、脓肿和其他异常等。

4. 淋巴结检查

颈浅淋巴结(肩前淋巴结)在肩关节前稍上方剖开臂头肌、肩胛横突肌下的一侧颈浅淋巴结,检查切面形状、色泽及有无肿胀、淤血、出血、坏死灶等。髂下淋巴结(股前淋巴结、膝上淋巴结)剖开一侧淋巴结,检查切面形状、色泽、大小及有无肿胀、淤血、出血、坏死灶等。必要时检查腹股沟深淋巴结。

5. 复检

官方兽医对上述检疫情况进行复查,综合判定检疫结果。

(五)结果处理

合格的由官方兽医出具动物检疫合格证明,加盖检疫验讫印章,对分割包装肉品加施检疫标志。不合格的,由官方兽医出具动物检疫处理通知单。

发现患有本规程规定以外疫病的,监督场(厂、点)方对病羊胴体及副产品按《病害动物和病害动物产品生物安全处理规程》处理,对污染的场所、器具等按规定实施消毒,并做好生物安全处理记录。监督场(厂、点)方做好检疫病害动物及废弃物无害化处理。官方兽医在同步检疫过程中应做好卫生安全防护。

(六)检疫记录

官方兽医应监督指导屠宰场(厂、点)方做好待宰、急宰、生物安全处理等环节各项记录。官方兽医应做好入场监督查验、检疫申报、宰前检查、同步检疫等环节记录。检疫记录应保存12个月以上。

二、肉羊屠宰规范

羊的屠宰方法和技术高低,直接关系着羊肉和羊皮的品质。目前有手工屠宰方法和现代化屠宰方法。肉羊屠宰相关术语和定义如下:

羊屠体:羊屠宰、放血后的躯体。

羊胴体:羊屠体去皮、头、蹄、尾、内脏及生殖器(母羊去乳房)的躯体。

二分体羊肉:将羊胴体沿脊椎中线纵向锯(劈)成两半的胴体。

内脏:白内脏,羊的胃、肠、脾。红内脏,羊的心、肝、肺、肾。

四分体羊前(前四分体):将羊胴体横截成四分体后的前段部位羊肉。

四分体羊后(后四分体):将羊胴体横截成四分体后的后段部位羊肉。

羊的屠宰工艺流程如图7-1:

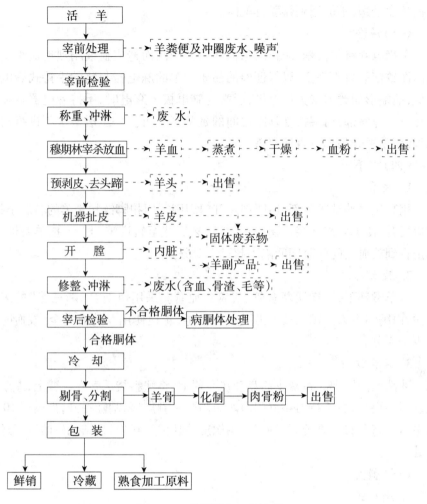

图 7 - 1 羊的屠宰工艺流程

（一）送宰

待宰羊应来自非疫区,健康良好,并有产地兽医检疫合格证明。屠宰前
12 小时断食并喂 1% 食盐水,使畜体进行正常的生理机能活动,调节体温,促
进粪便排泄,放血完全。活羊进厂(点)后停食,充分饮水休息,宰前 3 小时断
水。送宰羊应由兽医检疫人员签发准宰证后方可宰杀。

（二）淋浴

待宰前羊体充分沐浴,体表无污垢。冬季水温接近羊的体温,夏季不低于
20℃。一般在屠宰车间前部设淋浴器,冲洗羊体表面污物。羊通过赶羊道时,

应按顺序赶送,不能用硬器驱打羊体。

(三)致昏

采用电麻将羊击晕,防止因恐怖和痛苦刺激而造成血液剧烈地流集于肌肉内而致使放血不完全,以保证肉的品质。羊的麻电器与猪的手持式麻电器相似,前端形如镰刀状为鼻电极,后端为脑电极。麻电时,手持麻电器将前端扣在羊的鼻唇部,后端按在耳眼之间的延脑区即可。手工屠宰法不进行击晕过程,而是提升吊挂后直接宰杀。

(四)宰杀

1. 挂羊

用高压水冲洗羊腹部、后腿部及肛门周围。用扣脚链扣紧羊的右后小腿,匀速提升,使羊后腿部接近输送机轨道,然后挂至轨道链钩上。挂羊要迅速,从击昏到放血之间的时间间隔不超过 1.5 分。

2. 放血

从羊喉部下刀,横切断食管、气管和血管。采用伊斯兰"断三管"的屠宰方法,由阿訇主刀。刺杀放血刀应每次消毒,轮换使用。放血完全,放血时间不少于 3 分。

3. 缩扎肛门

冲洗肛门周围。将橡皮筋盘套在左臂上,将塑料袋反套在左臂上,左手抓住肛门并提起,右手持刀将肛门沿四周割开并剥离,随割随提升,提高至 10 厘米左右。将塑料袋翻转套住肛门,用橡皮筋扎住塑料袋,将结扎好的肛门送回深处。

(五)剥皮

1. 剥后腿皮

从跗关节下刀,刀刃沿后腿内侧中线向上挑开羊皮。沿后腿内侧线向左右两侧剥离,从跗关节上方至尾根部羊皮。

2. 去后蹄

从跗关节下刀,割断连接关节的结缔组织、韧带及皮肉,割下后蹄,放入指定的容器中。

3. 剥胸腹部皮

用刀将羊胸腹部皮沿胸腹中线从胸部挑到裆部,沿腹中线向左右两侧剥开胸腹部羊皮至肷窝止。

4. 剥颈部及前腿皮

从腕关节下刀,沿前腿内侧中线挑开羊皮至胸中线,沿颈中线自下而上挑开羊皮,从胸颈中线向两侧进刀,剥开胸颈部皮及前腿皮至两肩止。

5. 去前蹄

从腕关节下刀,割断连接关节的结缔组织、韧带及皮肉,割下前蹄放入指定的容器内。

6. 换轨

启动电葫芦,用两个管轨滚轮吊钩分别钩住羊的两只后腿跗关节处,将羊屠体平稳送到管轨上。

7. 扯(撕)皮

用锁链锁紧羊后腿皮,启动扯皮机由上到下运动,将羊皮卷撕。要求皮上不带腰,不带肉,皮张不破。扯到尾部时,减慢速度,用刀将羊尾的根部剥开。扯皮机均匀向下运动,边扯边用刀剁皮与脂肪、皮与肉的连接处。扯到腰部时适当增加速度。扯到头部时,把不易扯开的地方用刀剥开。扯完皮后将扯皮机复位。

(六)割羊头

用刀在羊脖一侧割开一个手掌宽的孔,将左手伸进孔中抓住羊头。沿放血刀口处割下羊头,挂同步检验轨道。冲洗羊屠体。

(七)开胸、结扎食管

从胸软骨处下刀,沿胸中线向下贴着气管和食管边缘,锯开胸腔及脖部。剥离气管和食管,将气管与食管分离至食道和胃结合部。将食管顶部结扎牢固,使内容物不流出。

(八)取白内脏

在羊的裆部下刀向两侧进刀,割开肉至骨连接处。刀尖向外,刀刃向下,由上向下推刀割开肚皮至胸软骨处。用左手扯出直肠,右手持刀伸入腹腔,从左到右割离腹腔内结缔组织。用刀按下羊肚,取出胃肠送入同步检验盘,然后扒净腰油。

(九)取红内脏

左手抓住腹肌一边,右手持刀沿体腔壁从左到右割离横膈肌,割断连接的结缔组织,留下小里脊。取出心、肝、肺,挂到同步检验轨道。割开羊肾的外膜,取出肾并挂到同步检验轨道。冲洗胸腹腔。

（十）劈半

沿羊尾根关节处割下羊尾,放入指定容器内。将劈半锯插入羊的两腿之间,从耻骨连接处下锯,从上到下匀速地沿羊的脊柱中线将胴体劈成二分体,要求不得劈斜、断骨,应露出骨髓。

（十一）胴体修整

取出骨髓、腰油放入指定容器内。一手拿镊子,一手持刀,用镊子夹住所要修割的部位,修去胴体表面的淤血、淋巴、污物和浮毛等不洁物,注意保持肌膜和胴体的完整。

（十二）冲洗

用32℃左右温水,由上到下冲洗整个胴体内侧及锯口、刀口处。

（十三）检验

下货和胴体的检验按《肉品卫生检验试行规程》的规定进行。

（十四）胴体预冷

将预冷间温度降到0~4℃,推入胴体,胴体间距保持不少于10厘米。启动冷风机,使库温保持在0~4℃,相对湿度保持在85%~90%。预冷后检查胴体 pH 及深层温度,符合要求进行剔骨、分割、包装。分割羊肉各部位的名称及形态见图7-2。

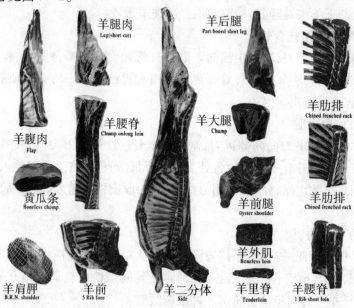

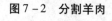

图7-2　分割羊肉

(十五)烫毛

生产带毛羊肉应采用浸烫或松香拔毛法褪毛,严禁用氢氧化钠烧或其他导致肉品污染的方法褪毛。烫毛时的水温应随季节调整,夏季水温为64℃±1℃,冬季水温为68℃±1℃。机器褪毛后应修刮胴体的残毛。

第二节 羊肉的质量分级与安全标准

一、羊肉质量分级

(一)术语和定义

大羊肉:屠宰12月龄以上并已换一对以上乳齿的羊获得的羊肉。

羔羊肉:屠宰12月龄以内、完全是乳齿的羊获得的羊肉。

肥羔肉:屠宰4~6月龄、经快速育肥的羊获得的羊肉。

胴体重:宰后去毛皮、头、蹄、尾、内脏及体腔内全部脂肪后,温度在0~4℃,相对湿度在80%~90%的条件下,静置30分的羊个体重量。

肥度:羊胴体或羊肉表层沉积脂肪厚度、分布状况与羊胴体或眼肉断面脂肪沉积呈现大理石花纹状态。

背膘厚:指第12根肋骨与第13根肋骨之间眼肌肉中心正上方脂肪的厚度。

肋肉厚:羊胴体第12与第13肋骨间,距背中线11厘米自然长度处胴体肉厚度。

肌肉发育程度:羊胴体各部位肌肉发育发达程度。

生理成熟度:羊胴体骨骼、软骨与肌肉生理发育成熟程度。

肉脂色泽:羊胴体或分割肉的瘦肉外部与断面色泽状态以及羊胴体或分割肉表层与内部沉积脂肪色泽状态。

肉脂硬度:羊胴体腿、背和侧腹部肌肉和脂肪的硬度。

(二)质量检验

1. 胴体重量

宰后去毛皮、头、蹄、尾、内脏及体腔内全部脂肪后,温度在0~4℃,相对湿度在80%~90%的条件下,静置30分的羊个体进行称重。

2. 肥度

胴体脂肪覆盖程度与肌肉内脂肪沉积程度采用目测法,背膘厚用仪器测量。

3. 肋肉厚

测量法。

4. 肉脂硬度、肌肉饱满度、生理成熟度、肉脂色泽

采用感官评定法。

（三）标志、包装、储存、运输

1. 标志

内包装标志符合 GB 7718—2011《预包装食品标签通则》的规定，外包装标志应符合 GB/T 191—2008《包装储运图示标志》和 GB/T 6388—1986《运输包装收发货标志》的规定。

2. 包装

包装材料应符合 GB/T 4456—2008《包装用聚乙烯吹塑薄膜》和 GB 9687—1988《食品包装用聚乙烯成型品卫生标准》的规定。

3. 储存

鲜羊肉在 0~4℃储存，冻羊肉在 -18℃储存，库温一昼夜升降幅度不超过1℃。

4. 运输

应有符合卫生要求的专用冷藏车和保温车（船），不应和对产品造成污染的物品混装，运输过程中产品的温度保持在7℃以下。

表 7-1　羊肉质量分级表

项目	大羊肉			
	特等级	优等级	良好级	可用级
胴体重	>25 千克	22~25 千克	19~22 千克	16~19 千克
肥度	背膘厚度0.8~1.2厘米，腿肩背部脂肪丰富、肌肉不显露，大理石花纹丰富	背膘厚度0.5~0.8厘米，腿肩背部覆盖有脂肪，腿部肌肉略显露，大理石花纹明显	背膘厚度0.3~0.5厘米，腿肩背部覆有薄层脂肪，腿肩部肌肉略显露，大理石花纹略显	背膘厚度≤0.3厘米，腿肩背部脂肪覆盖少、肌肉显露，无大理石花纹
肋肉厚	≥14毫米	9~14毫米	4~9毫米	0~4毫米
肉脂硬度	脂肪和肌肉硬实	脂肪和肌肉较硬实	脂肪和肌肉略软	脂肪和肌肉软

项目	大羊肉			
	特等级	优等级	良好级	可用级
肌肉发育程度	全身骨骼不显露,腿部丰满充实、肌肉隆起明显,背部宽平,肩部宽厚充实	全身骨骼不显露,腿部较丰满充实、微有肌肉隆起,背部和肩部比较宽厚	肩隆部及颈部脊椎骨尖稍突出,腿部欠丰满、无肌肉隆起,背和肩稍窄、稍薄	肩隆部及颈部脊椎骨尖稍突出,腿部窄瘦、有凹陷,背和肩窄、薄
生理成熟度	前小腿至少有一个控制关节,肋骨宽、平	前小腿至少有一个控制关节,肋骨宽、平	前小腿至少有一个控制关节,肋骨宽、平	前小腿至少有一个控制关节,肋骨宽、平
肉脂色泽	肌肉颜色深红,脂肪乳白色	肌肉颜色深红,脂肪白色	肌肉颜色深红,脂肪浅黄色	肌肉颜色深红,脂肪黄色

项目	羔羊肉			
	特等级	优等级	良好级	可用级
胴体重	18 千克	15~18 千克	12~15 千克	9~12 千克
肥度	背膘厚度 0.5 厘米以上,腿肩背部覆盖有脂肪,腿部肌肉略显露,大理石花纹明显	背膘厚度 0.3~0.5 厘米,腿肩背部覆盖有薄层脂肪,腿部肌肉略显露,大理石花纹略显	背膘厚度 0.3 厘米以下,腿肩背部脂肪覆盖少,肌肉显露,无大理石花纹	背膘厚度 ≤0.3 厘米,腿肩背部脂肪覆盖少、肌肉显露,无大理石花纹
肋肉厚	≥14 毫米	9~14 毫米	4~9 毫米	0~4 毫米
肉脂硬度	脂肪和肌肉硬实	脂肪和肌肉较硬实	脂肪和肌肉略软	脂肪和肌肉软
肌肉发育程度	全身骨骼不显露,腿部丰满充实、肌肉隆起明显,背部宽平,肩部宽厚充实	全身骨骼不显露,腿部较丰满充实、微有肌肉隆起,背部和肩部比较宽厚	肩隆部及颈部脊椎骨尖稍突出,腿部欠丰满、无肌肉隆起,背和肩稍窄、稍薄	肩隆部及颈部脊椎骨尖稍突出,腿部窄瘦、有凹陷,背和肩窄、薄

项目	羔羊肉			
	特等级	优等级	良好级	可用级
生理成熟度	前小腿折裂关节;折裂关节湿润、颜色鲜红;肋骨略圆	前小腿可能有控制关节或折裂关节,肋骨略宽、平	前小腿可能有控制关节或折裂关节,肋骨略宽、平	前小腿可能有控制关节或折裂关节,肋骨略宽、平
肉脂色泽	肌肉颜色深红,脂肪乳白色	肌肉颜色深红,脂肪白色	肌肉颜色深红,脂肪浅黄色	肌肉颜色深红,脂肪黄色

项目	肥羔肉			
	特等级	优等级	良好级	可用级
胴体重	>16千克	13~16千克	10~13千克	7~10千克
肥度	眼肌大理石花纹略显	无大理石花纹	无大理石花纹	无大理石花纹
肋肉厚	≥14毫米	9~14毫米	4~9毫米	0~4毫米
肉脂硬度	脂肪和肌肉硬实	脂肪和肌肉较硬实	脂肪和肌肉略软	脂肪和肌肉软
肌肉发育程度	全身骨骼不显露,腿部丰满充实、肌肉隆起明显,背部宽平,肩部宽厚充实	全身骨骼不显露,腿部较丰满充实、微有肌肉隆起,背部和肩部比较宽厚	肩隆部及颈部脊椎骨尖稍突出,腿部欠丰满、无肌肉隆起,背和肩稍窄、稍薄	肩隆部及颈部脊椎骨尖稍突出,腿部窄瘦、有凹陷,背和肩窄、薄
生理成熟度	前小腿折裂关节;折裂关节湿润、颜色鲜红;肋骨略圆	前小腿折裂关节;折裂关节湿润、颜色鲜红;肋骨略圆	前小腿折裂关节;折裂关节湿润、颜色鲜红;肋骨略圆	前小腿折裂关节;折裂关节湿润、颜色鲜红;肋骨略圆
肉脂色泽	肌肉颜色深红,脂肪乳白色	肌肉颜色深红,脂肪白色	肌肉颜色深红,脂肪浅黄色	肌肉颜色深红,脂肪黄色

第三节　羊肉质量安全可追溯体系的建立

国际食品法典委员会(CAC)与国际标准化组织 ISO 把可追溯性的概念定义为"通过登记的识别码,对商品或行为的历史和使用或位置予以追踪的能力"。可追溯性是利用已记录的标志追溯产品的历史、应用情况、所处场所或类似产品或活动的能力。欧盟委员会关于食品可追溯性的定义是指在生产、加工及销售的各个环节中,对食品、饲料、食用性禽畜及有可能成为食品或饲料组成成分的所有物质的追溯或追踪能力。

羊肉产品可追溯是指从养殖到屠宰、加工、运输再到销售的整个过程跟踪产品特性的记录体系,应该包括信息采集系统、信息管理与维护系统和信息查询系统。可追溯系统是一个集数据与传输、数据处理、空间管理及远程通信等功能于一体的计算机综合管理网络系统。

一、需求分析

随着羊肉产品贸易的全球化,有关羊肉产品安全的恶性、突发事件呈迅速扩展和蔓延之势。因此,有必要建立一套完善的安全信息追踪溯源系统,实现羊肉供应链透明化管理。结合当前形势需求和技术现状,本系统应具有如下功能:

1. 信息采集

信息系统的首要任务是把分散在农产品供应链内外各处的数据收集并记录下来,整理成农产品供应链追溯信息系统要求的格式和形式。数据的收集与录入是整个信息系统的基础,因此,信息采集按照信息分类的原则,采集从羊养殖到加工生产过程中的个体羊标志代码、基本生产信息、安全检测信息等。

2. 信息交换

可追溯系统需要将产品的物流和信息交换联系起来,为了确保信息流的连续性,每一个供应链的参与方必须将预定义的可跟踪数据传递给下一个参与方,使后者能够应用可跟踪原则。供应链各个节点之间信息交换根据实际情况可有多种方式,包括电子数据、电子表格交换、电子邮件、物理电子数据支持介质和确切信息输入方式等。

3. 数据管理与维护

信息管理的首要任务是保证数据的完整性和可靠性。实现数据备份,数据的导入、导出,加强数据安全性。因此,除了必须提供完善的数据维护备份和清除等例行功能外,还要提供数据浏览和系统数据总检验等手段。

4. 信息查询

信息系统应提供灵活、及时的动态查询,包括两类查询功能:基本信息查询、安全监测信息查询。所有查询结果均可以屏幕显示并按用户选择进行打印输出。

二、系统的模块划分及各模块功能描述

1. 系统的模块划分

羊肉生产全过程,通常可分为养殖、屠宰加工、储运和销售 4 个阶段。因此,羊肉可追溯系统分为养殖场系统、屠宰加工系统、运输系统和销售、信息查询系统及系统维护管理系统 5 个应用模块。可追溯的基本条件是个体标志,因此,需要建立一个"肉羊个体标志管理子系统"。养殖场管理系统和屠宰加工厂管理系统两个模块中均有"个体标志管理子系统";肉羊的养殖及屠宰加工过程中,为了对肉羊进行监测,应该建立一个"安全监测子系统",以及为安全监管提供依据的"标准和法规子系统";为了满足追溯要求,能够跟踪羊肉生产的历史记录,各模块中都包含一个"档案管理子系统";销售阶段,为消费者在购买产品时提供产品安全生产全过程的信息,需要建立一个"信息查询系统"。

2. 各模块功能分析

(1)养殖场管理系统 主要包括建立肉羊的基本信息档案,并用电子标签标志饲养管理、防疫管理及疾病管理。养殖阶段主要对兽药、饲料、消毒产品以及养殖环境进行监测,相对应的标准和法规也分为兽药、饲料和环境 3 类。

(2)屠宰、加工管理系统 屠宰加工阶段是整个生产过程中最复杂的一个环节,时间短,环节多。屠宰阶段主要对活羊检疫、羊肉检验、屠宰环境进行监测,对违规现象进行整改。

(3)运输管理系统 主要对运输阶段的信息进行管理。其中与地点转换有关的档案包括羊运输记录和羊肉运输记录。

(4)销售、信息查询系统 销售阶段的可追溯重点在用户对历史记录的查询上,主要为消费者提供食品数据信息。

(5)系统维护管理系统 系统维护管理子系统是公共模块,在各模块中,包括硬件维护、数据维护、软件维护,实现数据的备份和恢复、用户管理和权限管理等功能。